Udo Paulitz

FEUERWEHR KLASSIKER

MAGIRUS KW

Udo Paulitz

FEUERWEHR KLASSIKER

MAGIRUS KW

Motorbuch Verlag Stuttgart

Einbandgestaltung: Johann Walentenk unter Verwendung einer Vorlage des Autors

ISBN 3-613-01551-X
1. Auflage 1993

Ein Unternehmen der Paul Pietsch Verlage GmbH+Co.

Satz: Vaihinger Satz+Druck, 71665 Vaihingen/Enz.
Reproduktion: DIE REPRO, 71732 Tamm.
Druck: Studio-Druck, 72622 NT-Raidwangen.
Bindung: E. Riethmüller, 70176 Stuttgart.
Printed in Germany

Inhalt

Abschleppkranwagen der Feuerwehr Rosario, Argentinien, aufgebaut auf Magirus M 1 Fahrgestell. Die heruntergelassene Klappe der Ladebordwand läßt die einfache mechanische Konstruktion der Krananlage erkennen. Das Fahrzeug entstand im Jahre 1931.

Die ersten Magirus-Kranfahrzeuge entstehen

Neben den schon traditionellen Aufgaben der Brandbekämpfung und Menschenrettung haben die Feuerwehren noch mancherlei andere Leistungen zu erfüllen. Dazu gehörten schon von jeher Hilfeleistungen aller Art, welche sich von der Menschen- und Sachbergung bei Betriebs- und Verkehrsunfällen bis zum Einfangen entwichener Haustiere oder dem Bergen größerer Zoo- oder Zirkustiere erstreckten.

Anfangs setzten die Feuerwehren pferdebespannte Geräte- und Rettungswagen ein, die mit der dafür notwendigen Ausrüstung wie Äxten, Beilen, Schaufeln, Sägen, Brechstangen und anderen Werkzeugen aller Art beladen waren. Zum Heben und Bewegen von Lasten verwendete man Dreiböcke mit Flaschenzügen und Seilen. Diese Fahrzeuge waren vielfach auch als Mehrzweckfahrzeuge ausgestattet, wenn neben zusätzlichen Mannschaftssitzplätzen auch eine Kreiselpumpe vorhanden war, welche im Fahrzeug selbst eingebaut, als Tragkraftspritze vorhanden oder als Lafettenmotorspritze angehängt werden konnte.

Der für Rosario bestimmte Kranwagen bei einer Demonstration mit einem 2-t-Pritschenlastwagen M 1 von Magirus am Kranhaken. Die Vorderachse des geschleppten Fahrzeugs ruht auf einem Nachläufer.

Im Zuge der Motorisierung wurden die bespannten Wagen durch Elektro- und Benzinautomobile ergänzt und später ersetzt. Trotzdem blieben es noch immer Transportfahrzeuge für Gerätschaften ohne fest eingebaute Zug- beziehungsweise Hebevorrichtungen.
Schon immer hatte das Heben und Bergen verletzter Pferde im Straßenverkehr und bei anderen Unfällen die Feuerwehren vor Probleme gestellt, die jedoch noch mit Flaschenzügen und Winden zu bewältigen waren. Anders war es schon bei Eisenbahnunfällen, beim Bergen von in Gewässer gestürzten Fahrzeugen oder bei der Beseitigung entwurzelter Bäume. Diese und ähnlich schwere Lasten und Hindernisse konnten nur mit sehr großem Zeitaufwand und ähnlich großem Menscheneinsatz mühevoll beseitigt werden.
Die rapide steigende Verkehrsdichte und vor allem die sehr starke Zunahme des Kraftfahrzeugverkehrs und die damit verbundene Erhöhung der Unfallhäufigkeit in den Großstädten machten etwa ab Mitte der zwanziger Jahre neue Lösungen in dieser Richtung notwendig, um die bei derartigen Unfällen auftretenden Verkehrshindernisse rasch beseitigen zu können. Bereits 1912 hatte die niederländische Feuerwehr der Stadt Den Haag ein pferdebespanntes Kranfahrzeug beschafft, dessen Aufbau 1923 auf ein Motorfahrgestell umgesetzt worden war.
Zwischen 1925 und 1930 wurde durch Erstellung verschiedener Rüst- und Pionierfahrzeuge, die teilweise als motorlose Anhänger ausgebildet waren, nach zweckmäßigen Lösungsmöglichkeiten gesucht. Vorreiter war vor allem die Berliner Feuerwehr, aber auch andere großstädtische Wehren beschafften und erprobten Fahrzeuge unterschiedlicher Gestaltung, die von der Industrie individuell nach den Kundenwünschen und Vorstellungen hergestellt worden waren. Diese Fahrzeuge hatten

»Auto-Richtwagen« der Feuerwehr Fürth aus dem Jahre 1934. Hier sehen wir das Fahrzeug in Fahrstellung; die klappbare Krananlage ist unter dem Pritschenaufbau gelagert.

Der Fürther »Auto-Richtwagen« bei einem Einsatz am 25. September 1957, bei dem ein durch einen Unfall zerstörter Lastwagenanhänger geborgen und abgeschleppt wurde. Das mittlerweile 23 Jahre alte Fahrzeug erhielt – abweichend von Auslieferungszustand – einen Segeltuchschutz für das Fahrerhaus. Die Arbeitsweise der 3-t-Krananlage ist auf diesem Bild gut zu erkennen.

eines gemeinsam: Die unterschiedlich starken Kranausleger waren heckseitig am Fahrzeug angebracht. Führend in der Entwicklung solcher Spezialfahrzeuge war neben der Firma Metz der Ulmer Lastwagenhersteller und Feuerwehrausrüster Magirus, der im Jahre 1931 ein Kranfahrzeug an die Feuerwehr der argentinischen Stadt Rosario lieferte. Im Rahmen einer größeren Fahrzeuglieferung, die von Magirus ausgeführt wurde, befand sich auch ein Abschleppkranwagen, den man auf einem handelsüblichen Pritschenlastkraftwagen vom Typ M1 aufbaute. Dieses Fahrgestell besaß eine Rahmentragfähigkeit von 2 t und war mit einem sechszylindrigen 57-PS-Motor bestückt, der einen Rauminhalt von 4253 cm³ besaß.

Der starre Kranausleger war am hinteren Ende der Ladefläche montiert und aus U- und Winkeleisen verschweißt und verschraubt, welche durch Verstrebungen gegen Zug- und Druckkräfte versteift worden waren. Der beweglich am Hauptträger befestigte Ausleger ließ sich in unterschiedlichen Ausladungsstellungen arretieren. Die Kranwinde wurde über ein Zahnradgetriebe von Hand betätigt und war auf den Verstrebungen des Krangerüstes befestigt.

Erst im Jahre 1934 wurde ein weiteres Kranfahrzeug von Magirus gebaut. Es war ein »Auto-Richtwagen«, den die Feuerwehr der Stadt Fürth beschaffte. Wie diese eigenartige Bezeichnung, es handelte sich bei diesem Fahrzeug doch offensichtlich um einen Auto-Rüstwagen, entstanden sein könnte, vermag heute niemand mehr mit Gewißheit zu sagen. Möglicherweise aber kann ein Schreib- oder Hörfehler die Ursache dafür sein. Tatsache ist, daß dieser »Richtwagen« als Mehrzweckfahrzeug auf dem Magirus-Fahrgestell M 30 ausgelegt war. Die halbhohen Ladebordwände des Aufbaus waren feststehend angeschraubt, dessen Beladung durch eine Heckklappe erfolgen konnte. Auf dem dadurch entstandenen großen Pritschenaufbau konnten größere Mengen Materialien oder Geräte transportiert werden. Über der offenen Ladefläche befand sich ein starres Gerüst, auf dem weitere, vor allem längere Gegenstände Platz finden konnten. Dieses Gerüst diente gleichzeitig als Halterung der Umlenkrolle für das Abspannseil des Kranauslegers, der wiederum aus zwei Stahlrohren mit Seilführungsrolle bestand und am Rahmenende des Fahrgestells beweglich angeordnet war. Die Konstruktion dieses Kranarms überragte in senkrechter Stellung die Höhe der Aufbauten allerdings erheblich, so daß er zum Transport demontiert und in einem Gerätefach zwischen Fahrgestellrahmen und Pritschenaufbau gelagert werden mußte. Die Herstellung der Betriebsbereitschaft nahm also eine ganze Menge Zeit in Anspruch.

Der »Richtwagen« verfügte über eine Spillanlage mit maximal 3 t Zug- bzw. Hubkraft, die damit als Kranantrieb zum waagerechten Ziehen von Lasten diente. Das Fahrzeug war mit einer fest installierten Vorbaupumpe bestückt, deren Leistung um die 1500 Liter Wasser pro Minute gelegen haben dürfte. Am Rahmenende konnte ferner eine fahrbare Schlauchhaspel eingehängt werden. Durch diese Zusatzausstattung erhöhten sich die Einsatzmöglichkeiten des Fahrzeugs wesentlich. Das als Basis dienende Lastwagenfahrgestell vom Typ M 30 wurde ab 1931 produziert und besaß ein Sechszylinder-Vergasertriebwerk, das 4559 cm^3 Hubraum aufwies und 70 PS bei 2200 U/min leistete.

Dieses Fahrzeug war noch in offener Bauweise gestaltet, eine Bauform, die ab Beginn der dreißiger Jahre wegen des fehlenden Wetterschutzes für die Besatzung immer mehr in den Hintergrund gedrängt wurde. Die nächste Konstruktion eines Rüstwagens von Magirus sollte bereits in vollkommen geschlossener Bauform und gleichzeitig auf einem schwereren Fahrgestell erfolgen.

Pionierwagen für die Berufsfeuerwehr München

Nach den positiven Erfahrungen, die die Berufsfeuerwehr München mit einem 1931 von Metz gelieferten Rettungswagen mit Hebekran (Pionierwagen) gesammelt hatte, wurde 1936 – diesmal von Magirus – ein zweiter, verbesserter Pionierwagen beschafft, der ein noch aus dem Jahre 1917 stammendes, mittlerweile total veraltetes Fahrzeug ablösen sollte.
Als Chassis wurde das 4,5-t-Fahrgestell des Magirus M 45 genommen, welches eine Rahmentragfähigkeit von 6,5 t besaß. Das »Spezial-Feuerwehr-Fahrgestell«, als Niederrahmenchassis ausgebildet, verfügte – im Gegensatz zu der normalen Lkw-Version – über einen Nebenantrieb, der dem Antrieb der verschiedenen Zusatzaggregate diente. Der Motor selbst war vom Typ Magirus S110 R, ein wassergekühltes Sechszylinder-Vorkammer-Dieselaggregat mit 7412 cm³ Rauminhalt, das 100 PS

Pionierwagen der Berufsfeuerwehr München aus dem Jahre 1936. Der imposante Eindruck dieses schweren Fahrzeugs wird noch zusätzlich durch den Chromkühler verstärkt. Der entwicklungstechnische Fortschritt dieses Fahrzeugs ist – im Vergleich zu den vorher gezeigten Modellen – unverkennbar.

Höchstleistung bei 2000 U/min erzeugte. Als Hauptbremse war eine Duo-Vierradbremse eingebaut. Das für die damalige Zeit gewaltige Fahrzeug mit der beeindruckenden, langen Motorhaube besaß einen Radstand von 5300 mm mit einem Wendekreis von 20,4 m. Die Höchstgeschwindigkeit betrug im Schnellgang 65 km/h und der Kraftstoffverbrauch lag bei 30 Liter Diesel auf 100 km.

Am Rahmenende des Fahrzeugs war eine Seilwinde mit Kran für maximal 3 t Zug- bzw. Hubkraft eingebaut, die über eine Kardanwelle durch den Nebenantrieb des Fahrgetriebes angetrieben wurde. Vor der Seilwinde war ein besonderes Umkehrgetriebe installiert, das durch Umschalten der Seilwinde zum Heben und Senken der Kranlasten verwendet werden konnte.

Der Kranausleger am Heck des Fahrzeugs war über Scharniergelenke mit dem Chassis verbunden und wurde in Arbeitsstellung nach hinten herausgeschwenkt und von einem an der Rückseite des Geräteraumes angeschlagenen Drahtseil gehalten. Die maximale Ausladung betrug 1400 mm in der Arbeitsstellung.

Zur Abstützung des Fahrgestells und zur Standsicherung im Einsatz sorgten zwei Spindelstützen mit Fußtellern, die am Rahmenende gelagert und außer Betrieb unter den Fahrgestellrahmen geklappt werden konnten. Zwei weitere drehbare Stützen an der Aufbaurückwand verhinderten bei Seilwindenbetrieb das Verrutschen des Fahrzeugs.

Die allseits geschlossene Fahrer- und Mannschaftskabine bot auf der durchgehenden Fahrersitzbank

Heckansicht des Münchener Pionierwagens (Nachkriegsaufnahme), die die klappbare 3-t-Krananlage und die seitlich davon angebrachten Klappstützen (zur Unterstützung der Spindelstützen) gut erkennen läßt. Die Aufnahme entstand im Winter 1950; »AB« auf dem Besatzungsnummernschild bedeutet: Amerikanische Zone Bayern.

und den beiden dahinter liegenden Quersitzbänken insgesamt elf Feuerwehrleuten Platz. Der große, sich daran anschließende kastenförmige Geräteaufbau konnte zahlreiche Werkzeuge und Ausrüstungsgegenstände aufnehmen. Der Aufbau war durch Zwischenwände sinnvoll unterteilt und die Werkzeuge waren teilweise in einzelnen Kästen untergebracht.

Über dem Aufbau war eine große Dachgalerie angeordnet, die dem Transport von Hölzern, Bohlen und anderen sperrigen Gegenständen diente, die bei Unglücksfällen, insbesondere zum Abstützen beschädigter Gebäude oder beim Bergen verschütteter Personen oder Tiere unerläßlich waren.

Um dem Leser einen Eindruck von der umfangreichen und vielfältigen Beladung des Pionierwagens zu vermitteln, sei hier die Ausrüstung nachfolgend komplett aufgelistet:

Steiggeräte: 1 Satz Steckleitern (4 Stück).

Rauchschutz- und Rettungsgeräte: 2 Sauerstoffgeräte, verschiedene Reserveeinsätze, 1 Pulmotor, 1 Rettungsseil (in Tasche), 4 Steigerleinen, 1 Verbandskasten.

Löschgeräte: 4 Knoten Normalschläuche, 1 Strahlrohr, 1 Hydrantenaufsatz, 1 Hydrantenschlüssel, 2 Handfeuerlöscher, 1 Luftschaum-Kübelspritze, 1 Brause, 2 Gummischläuche.

Sonstige Geräte: 1 elektr. tragbarer Scheinwerfer, 2 elektr. Handlampen, 2 Kerzenlampen, 1 Davis-'sche Sicherheitslampe, 2 Differenzialflaschenzüge, 2 Teleskopwinden, 1 Fußwinde für 10 Tonnen, 2 Fußwinden für 5 Tonnen, 1 hydraulischer Wagenheber, 1 Zugwinde für 8000 kg Tragkraft, 2 Kolben mit Haken, 2 S-Haken zum Heben von Straßenbahnwagen, 1 Hebeeisen, 2 Steinmeißel, 2 Betonmeißel mit

Man muß sich wirklich wundern, was alles in dem Pionierwagen und seinem einachsigen Anhänger zusätzlich zu der Besatzung von elf Mann verstaut werden konnte.

Halter, 8 Ketten mit Haken, 4 Taue, 5 Drahtseile, 6 Bohlen, 36 Bindeleinen, 2 Handbeile, 2 Feuerwehrbeile, 1 Axt, 4 Holzbohrer, 2 Bundsägen, 1 Fuchsschwanz, 1 Handsäge, 10 Nothaken, 2 Rutschbleche, 12 Seilklemmen mit Steckschlüssel, 2 Handhämmer, 2 Vorschlaghämmer, 2 Bandhaken, 2 Kreuzpickel, 2 Pionierspaten, 2 kleine Spaten, 2 kleine Pickel, 6 Schaufeln, 1 Kiste mit Klammern, 1 Kiste mit Nägeln, 2 Putzklammern, 1 Drahschere, isoliert, 1 Bolzenschere, 1 Blechschere, 1 Türaufbrecher, 1 tragbares autogenes Schneidgerät, Anzünder, Kerze und Düsen für Schneidbrenner, 1 vierrädriger Schleppwagen, 2 Feuerhaken, verschiedene Hölzer, Bohlen und Unterlagsklötze, 1 Handbesen, 1 Kehrrichtschaufel, 1 Leichensack mit Leichentuch, 2 Mäntel dazu, 1 Schwimmgürtel, 2 Korkschwimmwesten, 1 Paar Gummihandschuhe, 1 komplette Tierhebevorrichtung, bestehend aus: 1 Vierfuß, 1 Flaschenzug mit Tau, 1 Hebescheit, 1 Hebegurt, 1 Durchziehnadel, 4 Fußgelenkfesseln.

1 Werkzeugkasten für Schreiner, bestehend aus: 3 Stemmeisen, 2 Hämmern, 1 Beißzange, 3 Spitzzangen, 2 Flachzangen, 1 Brennerzange, 6 Schraubenzieher, 1 Meterstab, 1 Bandmaß.

1 Werkzeugkasten für Schlosser, bestehend aus: 2 Schraubenschlüsseln, verstellbar, 1 Beißzange, 2 Flachmeißeln, 2 Kreuzmeißeln, 3 Durchschlägen, 6 Feilen, 1 Hammer, 1 Metallsäge mit 6 Reserveblättern, 1 Hebebaum, 2 Atlas-Stützen.

Im mitgeführten einachsigen Anhänger befanden sich zusätzlich folgende Geräte:

1 Elektro-Aggregat (tragbar), angetrieben von einem luftgekühlen Zweizylinder-Zweitakt-Ilomotor mit 10 PS, dessen 220 Volt Gleichstrom-Compound-Generator 6 kVA Dauerleistung erzeugen konnte und zur Stromversorgung der mitgeführten Arbeitsgeräte diente.

2 Elektro-Exhaustoren zum Rauchabsaugen mit einer Saugleistung von 70 m^3 Luft oder Rauch pro Minute, 1 Motorhandsäge, 1 Elektro-Abläng-Kettensäge, 1 elektropneumatischer Hammer für Abbrucharbeiten, der von einem kleinen fahr- oder tragbaren Kompressor betrieben wurde.

Hier der Pionierwagen in einer weiteren Nachkriegsaufnahme im Winter 1950. Der Chromkühler ist mit einer wattierten Kälteschutzdecke überzogen. Die umfangreiche Dachbeladung in Form von Hölzern und Bohlen und seitlich arretierten Steckleitern ist gut zu erkennen.

1 drehbarer Feuerwehr-Scheinwerfer von 500 Watt auf Zeiss-Stativ, der die Ausleuchtung der Einsatzstellen während der Dunkelheit übernehmen konnte.

Mit diesem damals hochmodernen und fortschrittlichen Fahrzeug war die Münchener Feuerwehr in der Lage, in nahezu allen Fällen tatkräftige und wirksame Hilfe zu leisten. Nicht zuletzt während der Bombenangriffe des letzten Krieges konnte sich dieses Spezialfahrzeug bewähren.

Der Pionierwagen überlebte den Krieg und stand noch bis in die zweite Hälfte der fünfziger Jahre in Einsatzdienst. Als Ersatz beschaffte die Berufsfeuerwehr München 1956 und 1957 zwei weitere Pionierwagen, auf die später eingegangen werden soll.

Der Rüstkraftwagen der Feuerlöschpolizei Wuppertal

Im August 1938 stellte die Feuerlöschpolizei Wuppertal einen neuen Rüstkraftwagen in Dienst, der gegenüber den bereits in Gebrauch befindlichen Konstruktionen verschiedene Vorteile und Verbesserungen aufwies und mit einer von Magirus entwickelten Krananlage ausgerüstet war. Bei den bisherigen Fahrzeugen, so auch bei dem von Metz für die Berufsfeuerwehr Düsseldorf erstellten RKW, war der Kranausleger in Höhe des Fahrzeugdaches an der Wagenrückwand angelenkt. Zum Ablegen wurde der Kranausleger oben herum nach vorn auf das Dach oder in eine Aussparung des Daches geschwenkt. Da die Länge des Kranauslegers aber zur Erzielung genügender Ausladung mindestens 3 m betragen mußte, und sein Anlenkpunkt am Fahrzeug in einer Höhe von etwa 2,50 m über der Straßenoberfläche lag, benötigte das Ein- bzw. Ausschwenken des Kranauslegers eine freie Höhe von ungefähr 5,50 m. Besonders aber in Städten, wo der Rüstkraftwagen hauptsächlich eingesetzt wurde, war ein freier Raum wegen des ausgedehnten Oberleitungsnetzes meist nicht vorhanden.

Rüstkraftwagen der Feuerlöschpolizei Wuppertal aus dem Jahre 1938 mit ausgefahrener Krananlage und den beiden Stützrollen.

Durch Unachtsamkeit der Bedienung konnte es daher leicht zu Beschädigungen von Straßenbahnoberleitungen oder sonstigen Einrichtungen kommen, wie auch umgekehrt eine Gefährdung der Bedienungsmannschaft durch Stromschläge oder Beschädigungen des Krans selbst eintreten konnte. Wenn auf solche Hindernisse besonders geachtet werden mußte, ging viel kostbare Zeit dadurch verloren, daß der RKW vor Erreichen der Unfallstelle erst an einen freien Platz verfahren werden mußte, damit der Kranausleger dort in Arbeitsstellung ausgeschwenkt werden konnte.
Die Krananlage des Wuppertaler Fahrzeugs unterschied sich hiervon grundsätzlich dadurch, daß der Kran nach Gebrauch in einen unterhalb des nutzbaren Laderaums des RKW vorgesehenen langgestreckten Raum verfahren werden konnte und daß der Kran in der Arbeitsstellung seine höchste Stellung einnahm. Das bedeutete, daß der Kran an Ort und Stelle ausgefahren werden konnte, wenn genügend Raum zum Arbeiten vorhanden war, gleichgültig, ob das Fahrzeug unter einer Unterführung oder einem sonstigen, verhältnismäßig niedrigen Hindernis stand.
Bei der Anlage des Krans wurde besonderer Wert darauf gelegt, daß die für die Unterbringung des Krans in Ablegestellung und für seinen Antrieb erforderlichen Räume zusammenhingen, so daß der Lagerraum für die übrigen Geräte in möglichst gut zusammenliegender Form gestaltet und von beiden Fahrzeugseiten zugänglich war.
Die Beschreibung und Bedienungsvorschrift zum Magirus-Rüstkraftwagen, Bauart RKW 105 sei hier nachstehend wiedergegeben.

I. Technische Beschreibung

1. Fahrgestell und Motor

Die für die Rüstkraftwagen verwendeten Fahrgestelle waren in ihrer Konstruktion den großen Anforderungen, die an solche Fahrgestelle gestellt wurden, angepaßt.

Ansicht des Führer- und Mannschaftsraumes bei geöffneten Seitentüren.

2. Aufbau

Der Führer- und Mannschaftsraum war limousinenartig geschlossen und bot Platz für insgesamt 6 bis 7 Mann. Die Einstiegtüren waren beiderseits angeordnet und besaßen herablaßbare Kurbelfenster, Zuziehgriffe, selbsttätig schließbare Türschlösser und Türhaltebänder.
Der Führersitz und die Rückenlehnen waren federnd

gepolstert. Unter dem Sitz waren Gerätekästen angebracht.
Die Sitzbank und die Rückenlehne im Mannschaftsraum waren aus naturlasierten Holzleisten hergestellt. Der Sitz war hochklappbar, ein untergebauter Gerätekasten war vorhanden. In der Mitte des Raumes war der Generator installiert.
An die Mannschaftsräume schlossen sich die großen Geräteräume an, deren Einteilung dem Wunsche des Bestellers entsprechend vorgenommen wurde.
Zwischen Vorder- und Hinterradkotflügel waren Trittbrettkästen eingebaut.

3. Generator

Im mittleren Teil des Mannschaftsraumes war ein Gleichstrom-Nebenanschluß-Generator mit Compoundwicklung für 220 Volt Spannung und 6,5 kVA Leistung eingebaut. Der Antrieb des Generators erfolgte über einen Nebenantrieb vom Fahrmotor aus. Die Schalteinrichtung und die Bedienungshebel für den Generator befanden sich in dem hinteren Raum am Fahrzeugende in Fahrtrichtung links.

4. Kraneinrichtung

Bei der Anlage der Kraneinrichtung war besonderer Wert darauf gelegt worden, daß die für die Unterbringung des Krans in Ablegestellung und für seinen Antrieb erforderlichen Räume zusammenhingen, so daß der Laderaum für die mitzuführenden Geräte eine vollkommen geschlossene Form erhielt, von beiden Seiten gut zugänglich war und durch die Kraneinrichtung wenig beeinträchtigt wurde.
Erreicht wurde dies dadurch, daß der Kranausleger in seiner Ablegestellung in einem langgestreckten Raum unterhalb des nutzbaren Laderaumes gelagert wurde, aus dem er in die Arbeitsstellung verfahren werden konnte.
Das Ausfahren bzw. Ablegen des Auslegers erfolgte durch ein Handkurbelgetriebe mittels Seilzug. Am unteren Ende des aus zwei an der Kranrolle spitz zusammenlaufenden Rohren hergestellten Kranauslegers waren das Ausfahr- und das Ablegeseil befestigt. Die anderen Enden dieser Seile waren über Umlenkrollen geführt und an der Seiltrommel des Getriebes befestigt. Um Schlappseilbildung zu vermeiden, war in das Ablegeseil eine Seilspannvorrichtung eingebaut.
Während des Ausfahrens und Ablegens wurde das untere Ende des Kranauslegers in einer Führungsbahn geführt, so daß ein Ecken des Auslegers nicht auftreten konnte.
Diese Führungsbahn bestand aus zwei auf den beiden Längsträgern des Fahrgestellrahmens aufgesetzten U-förmigen Trägern, die am Rahmenende senkrecht nach oben stehen und gleichzeitig als Kranportal dienten. Etwa in halber Höhe dieses Portals waren ausschwenkbare Gegenlager vorgesehen, gegen die sich der Kranausleger in der Arbeitsstellung abstützte. Der Ausleger wurde durch einen am oberen Ende des Portals angelenkten Traggurt gehalten. Die hier auftretenden Zugkräfte wurden von Diagonalstreben aufgenommen, deren untere Enden am Fahrzeugrahmen befestigt waren.
Der untere Teil des Portals war bis zur Höhe der Abstützgegenlager durch seitlich angebrachte Bleche versteift. Der waagerechte Teil der Führungsbahn bewirkte eine zusätzliche Verstärkung des Fahrzeugrahmens, die wegen der besonderen Beanspruchung des Rahmens bei Benutzung des Krans sehr vorteilhaft war.
Sollte der Kran von der Ablegestellung in die Arbeitsstellung gebracht werden, so wurde am Kurbelgetriebe so lange im Sinne des Uhrzeigers gedreht, bis er seine höchste Stellung erreicht hatte. In dieser Stellung wurde er selbsttätig durch die beiden schwenkbaren Gegenlager gehalten.
Sollte der Kran wieder aus der Arbeitsstellung in die Ablegestellung verfahren werden, so wurde, nachdem die Gegenlager aus der Führungsbahn heraus-

geschwenkt waren, durch Drehen des Kurbeltriebes entgegen dem Uhrzeigersinne das untere Ende durch den Seilzug in den Ablegeraum hereingezogen. Während dieses Vorganges schwenkte der Kranausleger abwärts, bis er sich auf eine am hinteren Rahmenende angeordnete Rolle auflegte. Beim weiteren Hereinziehen verblieb er in waagerechter Lage. Hierbei knickte der mit einem Gelenk versehene Traggurt nach oben aus und folgte mit seinem äußeren Teil dem Kranausleger in den Ablegeraum, während der am oberen Ende des Portals angelenkte Teil in Ablegestellung zwischen den beiden Portalträgern senkrecht nach unten gerichtet war.

Damit beim Ablegen des Krans das Hubseil nicht schlaff wurde und der Flaschenzug beim Einziehen über den Boden schliff, war das Seil an den Gelenkstellen des Traggurts so geführt, daß es auch beim Einknicken des Traggurts der Richtung der einzelnen Traggurtteile folgen mußte.

Für das Hubwerk war ein Elektrozug vorgesehen, der im Krangerüst gelagert war. Er wurde durch den Generator gespeist.

Die Steuerung des Hubwerks erfolgte von einer am hinteren linken Ende des Fahrzeugs liegenden Schalttafel aus. An dieser Stelle waren auch die Bedienungshebel für die Brennstoffregelung (Drehzahlregelung), Haupt- und Generatorkupplung sowie für den Spillbetrieb installiert. Die Hebel waren durch Schilder gekennzeichnet.

Auf der Schalttafel waren folgende elektrische Teile angeordnet:

1 Beleuchtungslampe mit Schalter
1 Kontroller für den Elektrozug
1 Nebenschlußregler
1 Hauptschalter
1 Spannungsmesser
1 Strommesser
1 Max.-Schalter für den Kran
3 zweipolige Steckkontakte mit den erforderlichen Sicherungselementen

Je nach Wunsch des Bestellers konnten auch noch weitere Steckkontakte oder andere Instrumente angeordnet werden.

Die max. Hubkraft des Krans betrug 4500 kg bei dreisträngiger Flaschenanordnung. Bei Verminderung der Strangzahl waren bei größeren Hubhöhen und größeren Hubgeschwindigkeiten noch folgende Hubkräfte zulässig:

Flaschenzug:	3strängig	2strängig	1strängig
Hubkraft kg	4500	3000	1500
Hubgeschw. m/min.	4,6	7	14
Hubhöhe ca. m	5,6	8,5	17
Ausladung m	2	2	2

Durch einen am Elektrozug vorgesehenen einstellbaren Endabsteller, konnten die Hubhöhen innerhalb der oben angegebenen Grenzen so eingestellt werden, daß eine selbsttätige Abstellung des Elektrozuges erfolgte. Der Zug besaß eine selbsttätige

Kran in Ausfuhr- und Ablegestellung mit Maschinisten an der Handkurbel. Die Stützrollen sind noch eingefahren. Man beachte die stabile Ausführung des Kranauslegers.

Ansicht des Bedienungsstandes mit Schalttafel. Unten rechts ist der Anschluß für die Handkurbel des Kurbelgetriebes zu erkennen.

Hubwerksbremse, so daß die Last in jeder beliebigen Höhe bei Ausschalten des Zuges gehalten wurde. Durch die an der Trommel vorgesehene Seilführung wurde das Seil zwangsläufig geführt und aufgewickelt.

5. Stützrollen

Am Rahmenende waren beiderseits Stützrollen zur Entlastung der Hinterräder bei Benutzung des Krans angeordnet. Die Rollen waren durch kräftige Pufferfedern gegenüber den Spindeln abgefedert, so daß sie beim Verfahren des Krans mit angehängter Last den Bodenunebenheiten in genügender Masse folgen konnten.
Die Betätigung der Stützrollen erfolgte durch Handkurbelgetriebe mittels Kegelrädern.
Die Stützrollen konnten in herabgelassenem Zustand durch Streben quer zur Fahrtrichtung mit dem Rahmen verbunden werden, so daß seitliche Kräfte beim Kurvenfahren durch die Streben aufgenommen wurden. Die in Fahrtrichtung auftretenden Kräfte wurden von den fest eingebauten Zugstangen, die einerseits an den Längsträgern des Fahrzeugrahmens, andererseits am unteren Ende der Spindel angelenkt waren, aufgenommen.

6. Spilleinrichtung

Unter dem Rahmenende war ein Spill eingebaut, damit auch seitlich zur Fahrtrichtung Zugkräfte ausgeübt werden konnten. Das Spill wurde unmittelbar vom Fahrzeugmotor angetrieben, und zwar über denselben Nebenantrieb, wie der Generator. Beim Arbeiten des Spills lief also der Generator leer mit.
Die Schaltung des Spills erfolgte vom Bedienungsstand am Rahmenende aus. Es wurde zunächst der Nebenantrieb eingeschaltet und dann zusätzlich die hinter dem Generator eingebaute Spillkupplung.
Durch die am Bedienungsstand angebrachte Brennstoffregelung konnte die Drehzahl des Spills den Erfordernissen angepaßt werden.

Die größte Zugkraft betrug 3000 kg. Durch eine zwischengeschaltete Unterflasche konnten Zugkräfte bis zu 6000 kg ausgeübt werden. Die Seilgeschwindigkeit betrug bei der Motordrehzahl von 1500 U/min ca. 7 m/min.
Um eine genügend große Standfestigkeit des Fahrzeugs zu gewährleisten, waren Radklötze zum Unterlegen unter die Hinterräder beigegeben.
Durch zwei seitlich angebrachte Seilklemmen konnte die Last auch am Steilhang bei Stillsetzen des Spillantriebs festgehalten werden.

7. Sonderausstattungen

a) Stützspindel zur Abstützung des Seilzugs bei Spillantrieb
Unter den Rahmenlängsträgern im Fahrzeugende waren Taschen vorgesehen, in die Stützspindeln zur Aufnahme des Seilzuges bei Spillbetrieb eingesetzt werden konnten. Die Stützspindeln waren in der Richtung des Seilzuges einstellbar.

b) Hilfsausleger
Damit auch Lasten gehoben werden konnten, die außerhalb der Fahrzeugmitte lagen, war der Rüstwagen zusätzlich mit einem Hilfsausleger ausgestattet.
Dieser Ausleger war mit seinem unteren Ende in die Anhängevorrichtung an der Schlußtraverse und das freie Ende des Auslegertragseils in die Anhängeöse am oberen Querträger des Kranportals eingehängt.
Bei Verwendung des Hilfsauslegers konnte der Elektrozug nur einsträngig benutzt werden. Er besaß also hierdurch eine Tragkraft von 1500 kg. Die Ausladung betrug 4 m.
Der Hubendschalter am Elektrozug war so eingestellt, daß er auch bei Verwendung des Hilfsauslegers den Elektrozug bei der höchst zulässigen Hakenstellung selbsttätig ausschaltete.

Anordnung des Spills und der Stützrollen. Die Hinterräder sind zusätzlich durch Radklötze gesichert. Zur damaligen Zeit genügten für die Verkehrssicherheit des Fahrzeugs noch die eiförmigen kleinen Rückleuchten.

II. Bedienung und Instandhaltung

1. Allgemeines

Im Interesse einer einwandfreien Funktion und langen Lebensdauer war es unbedingt erforderlich, die nachfolgenden Ausführungen genauestens zu beachten.
Unsachgemäße Behandlung beeinträchtige die Leistung des Fahrzeugs und konnte Schäden nach sich ziehen, die dem Fahrzeug dauernd anhafteten.
Insbesondere war darauf zu achten, daß nach jedem Verwendungsfalle der Wagen sorgfältig gereinigt und die einzelnen Teile geschmiert wurden.
Sämtliche Schrauben, Bolzen, Muttern und Sicherungen waren in regelmäßigen Zeitabschnitten einer Kontrolle zu unterziehen und lose Teile festzuziehen.
Die an der Kraneinrichtung und am Elektrozug befindlichen Schrauben mit der Bezeichnung »Ver-

bus« oder »Durbus« waren Spezialschrauben aus vergütetem Material mit hoher Festigkeit. Diese Schrauben durften unter keinen Umständen durch normale handelsübliche Schrauben ersetzt werden. Instandhaltungsarbeiten und Reparaturen durften nur von Fachleuten, die mit dem Gerät vollständig vertraut waren, vorgenommen werden.

2. Generatorbetrieb

Der Generator konnte nur bei stillstehendem Fahrzeug eingeschaltet werden, da der Nebenantrieb durch das Fahrgetriebe verriegelt war.

Der ausgefahrene 4,5-t-Kranausleger.

Die Einschaltung des Generators erfolgte vom Bedienungsstand aus, indem der Kupplungshebel angezogen und der Schalthebel für den Generator vollständig eingedrückt wurde. War der Schalthebel für den Generator vollständig eingedrückt, so wurde der Kupplungshebel langsam nachgelassen. Die Einschaltung durfte nur bei langsam laufendem Motor erfolgen.

Mittels des Schalthebels für die Brennstoffregelung wurde die Drehzahl so lange gesteigert, bis der in die Schalttafel eingebaute Spannungsmesser bei unbelastetem Generator ca. 250 Volt anzeigte; wurde der Generator durch Anschluß von Leitungen an die auf der Schalttafel angebrachten Steckkontakte belastet, so fiel die Drehzahl und damit die Spannung ab. Man regulierte deshalb am Schalthebel für die Brennstoffregelung so lange nach, bis die Spannung 220 Volt betrug. Eine Feineinstellung der Spannung konnte durch den auf der Schalttafel angebrachten Spannungsregler erfolgen.

3. Kranbetrieb

a) Allgemeines

Nach Ankunft auf der Einsatzstelle bestimmte der Führer des Fahrzeugs zuerst die bestgeeignete Art der Aufstellung. Dabei war zu beachten, daß der Standplatz des Fahrzeugs ausreichend fest war, da die Raddrücke und die Stützrollendrücke bei Verwendung des Krans erheblich größer waren als in der Fahrstellung. Es war also zu vermeiden, die Hinterräder oder die Stützrollen auf Schachtabdekkungen, Hydrantendeckel, verdeckte Gruben oder auf weichen, nachgiebigen Boden zu stellen. Stand das Fahrzeug endgültig an dem für die Betätigung des Krans günstigsten Platz, so wurde die Handbremse des Fahrzeugs gut angezogen, nachdem der Fahrgetriebegang ausgeschaltet wurde. Auf stark geneigtem Standplatz wurden die dem Fahrzeug beigegebenen Radklötze an die Hinterräder angelegt.

b) Anwendung der Stützrollen

Sollten Lasten über 2000 kg gehoben werden, so mußten die Stützspindeln benutzt werden, wobei ein Anheben des Fahrzeugs durch die Spindeln zu vermeiden war.

Lasten unter 2000 kg konnten ohne Stützspindeln gehoben werden. Sollten solche Lasten dagegen auch verfahren werden, so waren die Stützspindeln zu benutzen. Die Fahrgeschwindigkeit durfte hierbei 10 km/h nicht überschreiten. Beim Kurvenfahren war die Fahrgeschwindigkeit so gering als möglich zu halten. Bei Lasten unter 1000 kg durfte ohne Anwendung der Stützrollen gefahren werden. In diesem Falle durfte die Geschwindigkeit jedoch nicht mehr als 30 km/h betragen.

Bei Anwendung der Stützrollen durfte unter keinen Umständen vergessen werden, diese gegenüber dem Fahrzeugrahmen zu verstreben. Zu diesem Zweck waren an der Schlußtraverse in der Länge einstellbare Streben angebracht, die durch Stecker mit den Stützrollen verbunden wurden.

c) Kranbetätigung

Nach Herablassen der Stützrollen konnte der Kran in die Arbeitsstellung gebracht werden. Dies geschah wie folgt: Die an der Rückwand des Aufbaus angeordnete Tür wurde geöffnet, der Kranhaken ausge-

Anheben eines Anhängers bei einer Vorführung auf dem Magirus-Werksgelände.

hängt und durch Drehen am Kurbelgetriebe im Sinne des Uhrzeigers der Kran ausgefahren. Hatte der Kran seine höchste Arbeitsstellung erreicht, so fielen die am Kranportal angebrachten Gegenlager selbsttätig unter die Laufrollen des Kranauslegers, wodurch der Kran in dieser höchsten Arbeitsstellung gesichert wurde. Damit die Stützrollen einwandfrei auf den Gegenlagern aufsaßen, wurde das Kurbelgetriebe um einige Umdrehungen entgegen dem Uhrzeigersinne gedreht.

Vor Benutzung des Krans sollte man sich stets davon überzeugen, ob die Stützrollen einwandfrei auf den Gegenlagern ruhten. Die Inbetriebsetzung des Elektrozuges zum Heben und Senken der Last erfolgte durch Einschalten des Generators.

Sodann wurde der Hauptschalter auf der Schalttafel eingeschaltet. Durch Drehen des Kontrollers auf der Schalttafel im Senksinne erfolgte das Senken der Kranflasche. Durch Drehen im Hubsinn wurde die Kranflasche gehoben. Der Kontroller besaß drei Senkstufen und vier Hubstufen, damit die Hub- und Senkgeschwindigkeit beliebig eingestellt werden konnte.

Der Kontroller war stufenlos einzuschalten und schnell auszuschalten. Um eine langsame Hubgeschwindigkeit zu erreichen, war der Kontroller mit mittelmäßiger Geschwindigkeit über die Vorstufe hinwegzuschalten, bis in die nächste bzw. zweite Raststellung. Auf das gute Anliegen der Kontaktfinger im Kontroller war zu achten. Auf den Kontaktsegmenten und Kontaktfingern sich zeigende Brandstellen oder Kupferperlen waren zu entfernen. Die Finger waren mit der Stellschraube so einzustellen, daß sie mindestens 1 mm, höchstens aber 2 mm abgedrückt wurden. Wurden diese Grenzmaße nicht eingehalten, so lagen entweder die Schaltfinger nicht an oder sie wurden beim Schalten geknickt.

Bei der Befestigung der Last war zu beachten, daß der Angriffspunkt der Last möglichst in Fahrzeugmitte lag und ein schräger Lastanzug vermieden wurde.

Das Ablegen des Krans erfolgte zunächst durch Anheben des Kranauslegers bis zum Anschlag. Sodann wurden die Gegenlager durch den unterhalb der Schalttafel angebrachten Hebel ausgeschwenkt. Durch Drehen der Kurbel am Kurbelgetriebe im entgegengesetzten Sinne des Uhrzeigers wurde der Kranausleger in die Ablegestellung hereingezogen.

Vor dem Ablegen muß die Kranflasche in ihre höchste Stellung gebracht werden. War der Kran vollständig abgelegt, so wurde der Kranhaken wieder eingehängt.

d) Elektrozug

Der eingebaute Elektrozug hatte Stirnradübersetzung und arbeitete ziemlich geräuschlos. Seine Wartung war außerordentlich einfach. Sämtliche Schmierstellen waren mit Fettnippeln versehen und mit roter Farbe umrandet. Diese Fettnippel waren in regelmäßigen Zeitabständen mit der beigegebenen Fettspritze abzuschmieren. Ebenso mußten die Kontaktfinger und Kupfersegmente derjenigen Schaltapparate leicht eingefettet werden, bei denen eine größere Reibung stattfand. Das Lastseil war monatlich einmal gut einzufetten, um es geschmeidig zu erhalten und vor Rost zu schützen.

Beim Nachsehen und Abschmieren des Elektrozuges und bei Reparaturen durfte der Generator nicht eingeschaltet sein.

In der Motorkappe des Elektrozuges war ein Doppelendschalter eingebaut, der sowohl in der höchsten als auch in der tiefsten Hakenstellung den Zug ausschaltete. Durch einfaches Umsteuern des Motors mittels des Kontrollers konnte nach Inkrafttreten des Endschalters in entgegengesetzter Richtung mit dem Zug gearbeitet werden. Die Anschläge auf dem Endschalterlineal waren so eingestellt, daß der Hubendschalter in Tätigkeit trat, wenn die Unterflasche ihren höchsten Stand am Kranausleger erreicht hatte. Dagegen konnte der Senkendschalter beliebig nach der gewünschten Hubhöhe eingestellt werden. Die Hubhöhen waren auf dem Elektrozug angegeben. Bei der Einstellung des Senkendschalters mußte jedoch beachtet werden, daß in der tiefsten Hakenstellung noch etwa 1½ Seilwindungen auf der Trommel waren. Diese 1½ Seilwindungen mußten unter allen Umständen immer auf der Trommel verbleiben. Beim Einziehen eines neuen Seils oder bei jeder auch nur geringsten Veränderung der Seillänge war die Einstellung des Endschalters zu regulieren, damit eine rechtzeitige Abstellung erfolgte. Dies war insbesondere bei der Benutzung des Krans in der Anfangszeit zu beachten, da sich das Seil unter der Last etwas streckte.

Sobald gebrochene Einzeldrähte aus dem Seil heraustraten, war für rechtzeitigen Ersatz des Drahtseils zu sorgen. Beim Auswechseln eines Seils waren zunächst die Seilspanner nach besonderer Anweisung, die jedem Einzeldrahtseil mitgegeben waren, auszubauen.

Die in den Elektrozug eingebaute Bremse mußte beim Abstellen des Motors im Hub- oder Senksinne die Last sanft, aber sicher festhalten. Wurde der Nachlauf größer oder hielt die Bremse die Vollast überhaupt nicht mehr sicher in der Schwebe, so war ein Nachstellen der Bremse erforderlich. Dies geschah nach Abheben des Verschlußbandes in einfachster Weise. (Auf die detaillierte Darstellung der auszuführenden Funktionen soll hier verzichtet werden.)

Um stets ein sicheres Arbeiten der Bremse zu gewährleisten, war darauf zu achten, daß der Bremsbelag nicht mit Fett verschmutzt war. War der Belag verschlissen, so mußte die ganze Bremsscheibe ausgebaut werden. Diese Arbeit sollte durch einen Fachmann vorgenommen werden.

Keinesfalls durfte der Bremsdeckel auf der Motorseite abgenommen werden, solange der Zug belastet war.

Bei Ersatzteilbestellungen war neben der Tragkraft und Stromart stets die Fabriknummer des Elektrozuges anzugeben, um Falschlieferungen zu vermeiden. Die Nummer war auf das Tragkraftschild des Zuges aufgeschlagen.

e) Elektrische Installation

Die Anordnung der gesamten elektrischen Anlage des Rüstkraftwagens war auf dem Schaltbild ersichtlich. Der für die Kranbetätigung vorhandene Elektrozug wurde durch den vom Fahrzeugmotor angetriebenen Generator gespeist. Die gesamten erforderlichen Sicherungselemente für den Elektrozug und die auf der Schalttafel angeordneten Steckdosen von 10 A und 25 A waren auf der Schalttafel untergebracht. Alle Leitungen waren so abgesichert, daß Überbelastungen nicht eintreten konnten. Die Steuerung des Elektrozuges wurde durch den Regulierkontroller vorgenommen.

Die Wirkungsweise der in den Elektrozug eingebauten Hub- und Senkendschalter für die höchste und tiefste Hakenstellung ging aus dem Schaltbild hervor.

Arbeiten an den elektrischen Leitungen und der Schalttafel sollten nur durch Fachleute vorgenommen werden, um Schaltfehler zu vermeiden.

f) Belastungsmöglichkeit

Die zulässigen Belastungen der Kraneinrichtung bei der verschiedenartigen Anordnung der Seilstränge war aus der bereits im Text aufgeführten Tabelle ersichtlich.

Die Kranflasche war durch Steckbolzen und Federsicherungen leicht zerlegbar, so daß je nach Bedarfsfall die Rollen ausgewechselt werden konnten und die Seilanordnung entweder ein- oder dreisträngig getroffen werden konnte. Bei dem Zusammenbau der Flasche mußte beachtet werden, daß die Sicherungen jeweils richtig in die Nuten der Bolzen eingriffen.

Bei ein- und dreisträngiger Seilanordnung wurde die Kausche am Seilende an einem an der Flasche vorgesehenen Bolzen befestigt. Es war besonders darauf zu achten, daß Überbelastungen des Krans und schräger Seilzug vermieden wurden. Überbelastungen konnten zu schweren Beschädigungen der gesamten Kraneinrichtung führen und ein Kippen des Fahrzeugs zur Folge haben. Schräge Seilzüge führten zu einem frühzeitigen Verschleiß des Kranseils bzw. bei übermäßigem Schrägzug zu einem Abwandern des Seiles aus der Seilrolle.

g) Verfahren von Lasten

Unter 3 b war bereits darauf hingewiesen worden, daß der Rüstkraftwagen mit angehängten Lasten verfahren werden durfte. Es war dabei jedoch größte Vorsicht anzuwenden. Ein Verfahren von Lasten war nur dann durchzuführen, wenn es unbedingt erforderlich war.

Bei Verfahren des Fahrzeugs unter Anwendung der Stützrollen durfte unter keinen Umständen vergessen werden, die Stützrollen gegenüber dem Fahrzeugrahmen zu verstreben.

Wurde die Verstrebung unterlassen, so konnten beim Verfahren die Stützspindeln durch Ausknicken schwer beschädigt werden.

4. Spillbetrieb

Bei Verwendung des Spills war folgendes zu beachten:

Nach Ankunft auf der Einsatzstelle mußten, nach-

Verfahren eines Eisenbahnwagens (Rungenwagen) durch Spillzug.

Anheben eines 2000-kg-Belastungsbehälters mit dem Hilfsausleger durch den RKW für Riga. Mit den Halteseilen konnte der Ausleger um etwa 80° beidseitig geschwenkt werden.

dem die Handbremse des Fahrzeugs angezogen war, die dem Fahrzeug beigegebenen Radkeile unter die Hinterräder gelegt werden. Sofern Zugkräfte über 1000 kg ausgeübt werden sollten, war es zweckmäßig, wenn ein Bedienungsmann auch durch Niedertreten des Bremsfußhebels die Bremswirkung der Handbremse unterstützte. Waren dem Fahrzeug für die Spilleinrichtung zusätzlich Stützspindeln mitgegeben, so waren diese in die am Fahrzeugende angebrachten Taschen einzuführen und festzustellen.

Sodann wurde je nach Größe der Zugkraft das freie Ende des Zugseils zwei- oder dreimal um die Spilltrommel herumgeschlungen und über die angeordnete Seilbremse geführt. Waren die vorgenannten Arbeiten durchgeführt und das andere Seilende am abzuschleppenden Teil befestigt, so konnte der Spillantrieb eingeschaltet werden. Die Einschaltung des Antriebs erfolgte am Bedienungsstand durch:

1. Anziehen des Kupplungshebels,
2. Schalten des Generatorantriebs,
3. Schalten des Spillantriebs,

4. Nachlassen des Kupplungshebels.
Die Schaltung in der vorgenannten Reihenfolge war bei möglichst geringer Drehzahl vorzunehmen. Lief das Spill, so wurde das Seilende je nach der erforderlichen Zugkraft durch einen oder zwei Mann abgezogen. Sollte die Zuggeschwindigkeit dabei erhöht werden, so wurde dies durch vermehrte Brennstoffzuführung am Brennstoffhebel erreicht.
Bei Anziehen von Lasten auf schrägen Ebenen konnte bei Abstellen des Spillbetriebs die Last durch Festklemmen des Seils in der Seilklemme gehalten werden.
Sollten Zugkräfte über 3000 kg ausgeübt werden, so konnte dies durch Zwischenschaltung der hierzu ausgebildeten Kranflasche geschehen.
Hierfür wurde die Kranflasche ausgebaut und nach dem Zusammenbau das Spillseil durchgefahren. Während das eine freie Seilende entweder in der Anhängerkupplung des Fahrzeugs oder an einer sonstigen Stelle festgemacht wurde, wurde das zweite Seilende wie oben beschrieben um die Spilltrommel geschlungen und der Haken des Flaschenzugs an dem abzuschleppenden Gegenstand befestigt.
Die weitere Betätigung erfolgte in derselben Weise, wie bei einsträngigem Zug.
Das Spillseil, das einen Durchmesser von ca. 15 mm und eine Länge von etwa 50 m aufwies, bedurfte derselben Pflege wie das Kranseil, damit es vor Rost geschützt und geschmeidig blieb.

5. Sonderausstattung

Hilfsausleger
Der schwenkbare Hilfsausleger war vorzugsweise dann anzuwenden, wenn die Ausladung des normalen Kranauslegers nicht ausreichte oder Lasten, die außerhalb der Fahrzeugmitte lagen, gehoben werden sollten.
Nachdem der Ausleger aus seiner Lagerung auf dem Dach herausgenommen war, wurde die Seilkausche des am Hilfsausleger befestigten Tragseiles in dem hierfür vorgesehenen Bolzen an der oberen Portalwelle des Krans befestigt. Sodann wurde mittels der Traggriffe das untere Ende in die Anhängevorrichtung eingeführt und durch den Stecker fixiert.
Bei Anwendung des Hilfsauslegers war zu beachten, daß die am Kranportal gelagerten Distanzbügel in die obere Portalwelle, an der das Tragseil des Auslegers befestigt war, eingehängt wurden. Außerdem war dafür Sorge zu tragen, daß das Zugseil des Krans durch die oberen Umlenkrollen einwandfrei durchgeführt wurde. Bei der Verwendung des Hilfsauslegers wurde unter Vermeidung des dreisträngigen Flaschenzuges dasselbe Kranseil verwendet wie beim Fahrzeugkran.
Der Kranausleger war nur bestimmt für Lasten bis zu 1500 kg. Eine Überschreitung dieser Last war nicht gestattet. Damit ein seitliches Verschwenken, etwa bei Schiefstellung des Fahrzeugs, vermieden wurde, waren stets am Kopf des Hilfsauslegers zwei Abspannseile anzubringen, die durch je einen Mann gehalten wurden. Mittels dieser Spannseile konnte auch das seitliche Verschwenken der Last erfolgen.
Es wurde darauf aufmerksam gemacht, daß bei Anwendung des Hilfsauslegers stets die am Rahmenende vorgesehenen Stützrollen herabzulassen waren.
Ein Verfahren mit einer am Hilfsausleger angehängten Last war nicht gestattet.
Soweit die Beschreibung und Bedienungsvorschrift zum Magirus-RKW.
Am Aufbau des Fahrzeugs war bemerkenswert, daß dieser dank der besonderen Bauart der Krananlage vollständig geschlossen war und Aussparungen im Dach, die leicht Undichtigkeiten hervorrufen konnten, fehlten.
Die Aufteilung des Geräteraumes und die mitgeführte Ausstattung orientierte sich weitgehend an den Erfahrungen, die aus den Vormodellen, insbe-

sondere dem Münchener Pionierwagen, vorlagen. Der Rüstkraftwagen entsprach bereits größtenteils den Richtlinien der Norm DIN FEN 527, die in den Jahren 1937 und 1938 die wichtigsten Anforderungen festlegte, die an einen Rüstkraftwagen gestellt werden sollten.
Diese forderten den Antrieb des Fahrzeugs durch einen Dieselmotor mit einer Leistung zwischen 90 und 120 PS und einer Rahmentragfähigkeit von 6000 bis 6500 kg. In der Fahrer- und Mannschaftskabine sollte Platz für 6 bis 7 Mann vorhanden sein.

An fest installierten Aggregaten waren vorgesehen:

- Generator mit etwa 10 kVA Dauerleistung,
- Krananlage für ca. 4,5 t Hubvermögen und eine
- Spillanlage mit einer einsträngigen Zugkraft von etwa 6000 kg.

Der Rüstkraftwagen, der auf einem Magirus-Fahrgestell vom Typ M 50 aufgebaut war, besaß einen Sechszylinder-Reihenmotor von 110 PS, die bei 2000 U/min erzielt wurden. Die Rahmentragfähigkeit betrug 6500 kg bei einem zulässigen Gesamtge-

Anheben eines 5000-kg-Belastungsbehälters durch den Wuppertaler RKW im Probebetrieb. Zur Erhöhung der Standsicherheit sind die Stützrollen ausgefahren.

Rüstkraftwagen der Feuerwehr Riga vor der Ablieferung im September 1938.

wicht von 11 000 kg. Mit Besatzung und voller Ausrüstung wog das Fahrzeug 10 400 kg.
Der Kran, der für Lasten bis zu 4500 kg ausgelegt war, wurde versuchsweise mit 5500 kg belastet, die er dank der soliden Konstruktion gut überstand.
Der neue Wuppertaler Rüstkraftwagen bewährte sich in jeder Hinsicht in dem bergigen Gelände bei Verkehrsunfällen und anderen Hilfeleistungen.
Weitere, nahezu baugleiche Fahrzeuge wurden von der Feuerlöschpolizei Würzburg und der Feuerwehr der Stadt Riga geordert.
Die Feuerschutzpolizei Regensburg erhielt 1940 einen RKW auf dem neuen KHD (Klöckner-Humboldt-Deutz)-Fahrgestell FS 145, welches sich von den Vorgängertypen durch die auf 125 PS angehobene Motorleistung unterschied.
Der Rüstkraftwagen der lettischen Hauptstadt Riga war insofern bemerkenswert, daß bei ihm erstmalig der drehbare Hilfsausleger als Zusatzeinrichtung eingebaut war (wie in der Bedienungsvorschrift beschrieben). Damit war ein Schwenken des Kranauslegers aus der Fahrzeuglängsachse heraus zumindest mit geringeren Lasten möglich. Im Probebetrieb wurden 2000 kg Last angehängt, die mit Halteseilen um etwa 80° nach rechts und links geschwenkt werden konnten.
In den am 16. Februar 1940 erlassenen Anordnungen in Form des Runderlasses »Typenbegrenzungen im Feuerlöschfahrzeugbau« und in den darauf folgenden »Anordnungen über den Bau von Feuerwehrfahrzeugen« waren auch Entwürfe eines Schweren bzw. Großen Rüstkraftwagens enthalten.
Der Schwere Rüstkraftwagen – SRK – sollte, neben einer notwendigen Geräte- und Werkzeugausstattung, über eine 4-t-Krananlage und ein 4-t-Spill verfügen. Die Besatzung war auf zwei Mann beschränkt, da man davon ausging, daß der RKW immer im Zusammenhang mit anderen Löschfahr-

zeugen zum Einsatz kommen würde. Am Einsatzort sollte eine speziell ausgebildete Löschgruppe die Bedienung des Geräts übernehmen. Der Große Rüstkraftwagen – GRK – hingegen unterschied sich vom SRK insbesondere dadurch, daß eine Krananlage von 6 t und ein ebenfalls 6 t starkes Spill eingebaut werden sollten. Die Gerätebestückung und Ausrüstung war aber infolge wesentlich größerer Rahmentragfähigkeit viel umfangreicher und sollte vor allem einen eingebauten Stromerzeuger mit 10 kVA Leistung, Flutlichtstrahler und Scheinwerfer, elektrische Werkzeuge und Rauchgasabsauggerät enthalten.

Beide Typen gelangten infolge der kriegswirtschaftlichen Lage über das Entwurfsstadium nicht hinaus. Erst nach dem Kriege sollten die Feuerwehrkranfahrzeuge einen höheren Entwicklungsstand, größere Leistungsfähigkeit und vor allem auch stärkere Verbreitung finden.

Zum Abschluß dieses Kapitels sollen an dieser Stelle einige nach dem Kriege bei der Berufsfeuerwehr Oberhausen entstandene Einsatz- und Alltagsbilder des dort im Dienst befindlichen Rüstkraftwagens auf Magirus L 145 Fahrgestell gezeigt werden. Diese Aufnahmen sind sehr selten.

RKW der Feuerschutzpolizei Regensburg auf Magirus FS 145 Fahrgestell, aufgenommen am 1. August 1940.

Einsetzen eines Baumes durch den Oberhausener RKW ca. Mitte der fünfziger Jahre. Das Fahrzeug trägt noch das Besatzungsnummernschild.

Magirus-Rüstwagen von 1933–1941

Auftragsdatum	Typ	Empfänger	Fahrgestell
04. 02. 1935	Rüstwagen mit Spill	Wilhelmshaven	M 30
24. 08. 1935	ohne Kran	München	M 45
1938	Rüstkraftwagen	Wuppertal	M 50
1938	Rüstkraftwagen	Riga	M 50
31. 07. 1939	Rüstkraftwagen	Regensburg	L145
31. 07. 1939	Rüstkraftwagen	Würzburg	L145
31. 07. 1939	Großer Rüstkraftwagen	Hindenburg	L145
31. 12. 1939			
		Pirna	L145
31. 10. 1939		Oberhausen	L145
31. 12. 1939		Aachen	L145
1940		Marine Kiel	FS 145
Dezember 1940		Marine Gotenhafen	FS 145
April 1941		Reichsführer SS Berlin	FS 145

Detailbild während des Einsatzes des Oberhausener RKW beim Pflanzen eines Baumes. Wurzel und Stamm sind gegen Beschädigung geschützt. Hier trägt der RKW noch die ursprünglichen Stützrollen.

Der erste Rüstkraftwagen mit vollständig drehbarem Kran

»Die vielerlei Lösungen, die der RKW-Kran bis jetzt gefunden hat, zeigen, daß die Entwicklung noch immer im Fluß ist. Ungenügende Leistungen auf der einen Seite und übertriebene Ansprüche auf der anderen Seite mögen Industrie und Feuerwehren veranlaßt haben, immer wieder neue Wege zu versuchen. Da Rüstkraftwagen nur in relativ geringer Zahl benötigt werden, lasten die Entwicklungskosten sehr auf ihrem Kaufpreis. Es wäre deshalb zu wünschen, daß bald eine Beruhigung auf diesem Gebiet eintritt und sich ein Wagen herausbildet, der mit möglichst einfachen Mitteln den zwar neuzeitlich hohen, im übrigen aber auf ein weises Maß beschränkten Anforderungen der Feuerwehren genügt.« Mit diesen Sätzen schloß Herr Dr.-Ing. Karl Kuchtner eine Abhandlung über den Feuerwehr-Hilfsdienst in der »Brandwacht« (Mai/Juni 1949).

Die Entwicklung war tatsächlich im Fluß und konnte noch keineswegs als abgeschlosen angesehen werden, denn als Hauptnachteil der bisherigen Modelle hatte sich vor allem die starre Krananlage erwiesen, deren geringe Tragkraft den steigenden Ansprüchen schon bald nicht mehr genügte.

Die erste bekannt gewordene Neukonstruktion eines Rüstkraftwagens nach dem Kriege war ein im Januar 1949 von der Firma Metz an die Feuerwehr Frankfurt gelieferter »Rüstwagen«. Als Basis diente ein Klöckner-Humboldt-Deutz S 4500 Fahrgestell aus der Kriegsproduktion, welches die Frankfurter Feuerwehr der Aufbaufirma Metz für diesen Zweck zur Verfügung stellte. Mit dem heckseitig angebrachten Drehkran, der eine maximale Tragfähigkeit von 7,5 t auswies, waren immerhin schon seitliche Schwenkbewegungen von 90° nach rechts oder links möglich. Dieses Fahrzeug soll hier aber nicht näher betrachtet werden.

Magirus blieb es vorbehalten, den ersten Rüstkraftwagen mit einer um 360° drehbaren Krananlage überhaupt hergestellt zu haben. Dieses Fahrzeug, das erstmals auf der Internationalen Automobilausstellung in Frankfurt in der Zeit vom 19. bis 29. April 1951 präsentiert wurde, erregte in Fachkreisen großes Aufsehen. Mit diesem Fahrzeug wurde der Wunsch vieler Großstadtfeuerwehren nach einem Rüstkraftwagen mit leistungsfähiger Drehkrananlage erfüllt.

Aufbau

Der neue Rüstkraftwagen mit Drehkran fügte sich in seiner völlig geschlossenen Form den in der Vergangenheit für den Feuerlöschdienst herausgebrachten Aufbauformen an. Der Aufbau gestattete in seinen über die ganze Fahrzeugbreite durchgehenden Laderäumen die geschützte Unterbringung der Ausrüstung, so daß außer dem Kranausleger, der auf dem Dach abgelegt war, keinerlei Gegenstände außerhalb und gegen Witterungseinflüsse ungeschützt gelagert werden mußten. Die Kabine im vorderen Aufbauteil faßte auf zwei gepolsterten Querbänken sechs Personen. Die geschlossenen Geräteräume besaßen einen Inhalt von insgesamt etwa 7 m³, die nicht durch störende Versteifungen oder Kranteile unterbrochen wurden.

Die Anordnung der maschinellen Anlage beschränkte sich auf das Mittelfeld des hinteren

Rüstkraftwagen (RKW) 7 als auf der IAA Frankfurt ausgestellter Prototyp. Das Fahrzeug wurde von der Feuerwehr Tananarive, Madagaskar erworben. Man beachte die Form der Stoßstange, die von der späteren Serienausführung abwich.

Rahmenüberganges und war raumsparend angeordnet. Der Generator war dabei unter die Mannschaftssitzbank verlegt, wodurch sich eine sehr kurze Antriebswelle bei geringem Raumaufwand ergab.
Die sechs durchgehenden Hauptladeräume blieben für die Ausrüstung völlig frei. Außerdem konnte die rechte Ladeseite des Überhanges noch genutzt werden.

Fahrgestell

Für diesen Rüstkraftwagen wurde ein 6,5-t-Fahrgestell mit nachstehenden Daten zugrunde gelegt:

Tragfähigkeit	9000 kg
Radstand	4800 mm
Zul. Gesamtgewicht	13600 kg

Motor: luftgekühlter Dieselmotor 6 Zylinder, 125 PS
oder auf Wunsch 8 Zylinder, 175 PS
Drehzahl 2300 U/min
Höchstgeschwindigkeit 78 km/h
Steigfähigkeit 40 Prozent

Eine zusätzliche Rahmenverstärkung für den Drehkranaufbau ergab eine kräftige Aussteifung des Rahmens, so daß schädliche Auswirkungen für den Aufbau auch bei höchster Kranlast nicht eintreten konnten. Wie die eingehenden Versuche zeigten,

Derselbe RKW bei einer Vorführung der Krananlage mit ausgefahrenen heckseitigen Auslegerstützen. Gut zu erkennen ist die Möglichkeit der Fernbedienung der Krananlage unabhängig vom Schaltpult.

Seitenansicht des RKW 7 mit geöffneten Klapptüren, die einen Einblick auf die umfangreiche Ausstattung des Fahrzeugs gestatten.

ließen sich auch bei angehängter Kranlast noch sämtliche Geräteraumtüren einwandfrei öffnen und schließen. Kräftige schwenkbare Auslegerstützen sowie eine Federentlastungseinrichtung sorgten dafür, daß die vertikalen Kräfte ohne Überlastung der Wagenfedern und der Fahrzeugreifen direkt auf den Boden übertragen wurden. Die Auslegerstützen konnten dabei jeweils in die Richtung der Auslegerlast eingestellt werden. Lasten bis 2 t konnten in Fahrzeuglängsrichtung unbedenklich ohne Anwendung der Stützen gehoben und verfahren werden. Sollten Lasten bis zu 7 t verfahren werden, so war dies auf einer guten Fahrbahn durch Untersetzen von kleinen Rollwagen unter die Auslegerstützen mit geringer Geschwindigkeit möglich. Ein Verfahren von Lasten wurde bei dieser Kranausführung zwar nur noch selten erforderlich, da der Drehkran das seitliche Absetzen einer Last gestattete, was bei den früheren Kranausführungen meist nicht möglich war.

Maschinelle Anlage

Die gesamte maschinelle Anlage war für elektromotorischen Betrieb eingerichtet. Als Kraftquelle für die Antriebsmotoren diente ein Drehstromgenerator mit einer Leistung von 16 kVA bei 220/380 Volt, 50 Hz. Der Generator wurde über eine kurze Antriebswelle vom Nebenantrieb des Fahrgetriebes aus angetrieben. Die Einschaltung erfolgte vom Fahrersitz aus. Seine Leistung war ausreichend für den Kranbetrieb bei den höchstzulässigen Lasten und für den Antrieb von mehreren leistungsstarken Werkzeugmaschinen, wobei noch genügend Reserven für eine ausreichende Beleuchtung der Unfallstelle bei Nacht durch große Lichtfluter vorhanden waren. Unterhalb der am Rahmenende auf der hinteren Fahrzeugseite angeordneten Schalttafel waren für den Anschluß von Leitungskabeln vier Steckdosen für 10 Ampére und eine Steckdose für 20 Ampére vorhanden. Die Bedienung der Anlage erfolgte durch Druckknöpfe

Die maschinelle Anlage des RKW 7. Der eingezeichnete Pfeil weist auf die zusätzliche Rahmenaussteifung hin.

von der Schalttafel aus, auf der alle erforderlichen Instrumente übersichtlich angeordnet waren. Es war jedoch auch eine Fernbedienung durch ein 3 m langes Kabel möglich. Hierdurch konnte der Maschinist mit der bewegten Last mitgehen und die Lastbewegungen besser verfolgen, was besonders bei unübersichtlichen Bergungsarbeiten von erheblichem Vorteil war.

Der Drehkran war am Rahmenende aufgebaut. Sein Ausleger war in der Ruhestellung auf dem Dach des Aufbaus gelagert. Das den Ausleger tragende Krangerüst war allseitig um 360° drehbar auf einem Drehkranz aufgebaut. Im Krangerüst waren die Getriebe für die Bewegungen des Auslegers und die Seilwinde für das Heben und Senken der Last angeordnet. Alle selbsthemmenden Getriebe wurden durch Elektromotoren betrieben, wobei vorgesehen waren:

1 Motor für das Aufrichten und Ablegen des Auslegers,

1 Motor für die Seilwinde und

1 Motor für das Drehen und für den Antrieb des Spills.

Die Bewegungsgeschwindigkeiten waren nicht regelbar, jedoch so aufeinander abgestimmt, daß auch große Lasten mühelos bewegt werden konnten. Das Heben und Senken des Auslegers erfolgte jedoch nur in unbelastetem Zustand. Beim Ablegen des Auslegers in die Ruhestellung wurde die lose Flasche des Flaschenzuges mittels einer Schwinge selbständig in die horizontale Ablegestellung gebracht. Diese einfache, sinnreiche Konstruktion ersparte dem Bedienungsmann das zeitraubende Versorgen des Flaschenzuges. Für den Ausleger wurde eine Leichtstahl-Rohrkonstruktion gewählt, die nicht nur biegungs-, sondern auch torsionsfrei war. Alle Teile waren elektrisch miteinander verschweißt.

Arbeitsfeld

Für die Anwendung des Krans war es wichtig, daß neben einer hohen Tragfähigkeit ein großes Arbeitsfeld vorhanden war. Ein solches wurde durch eine große Ausladung und die Hochlegung des Auslegerdrehpunktes unter Vermeidung von Absteifungen unterhalb des Auslegers erreicht.

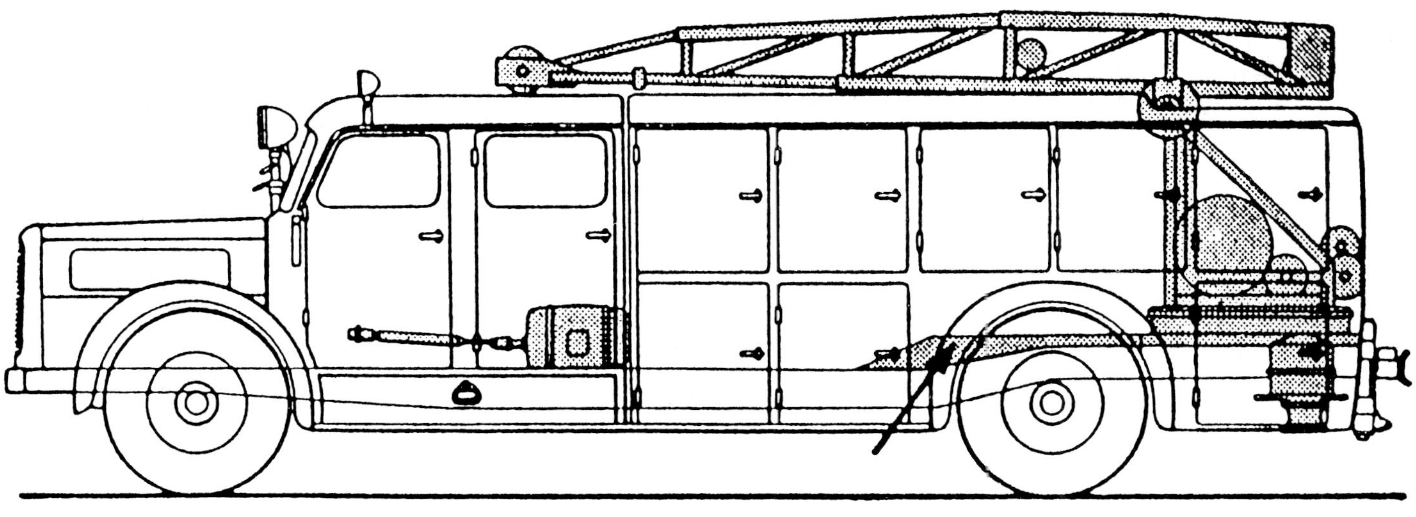

Die Tragfähigkeit betrug 7 t bei 2,1 m und 5 t bei 3,25 m freier Ausladung. Die Hubhöhe betrug maximal über Flur 4 m, unter Flur 6 m bei dreisträngigem Zug. Bei zweisträngigem Zug konnte die Hubhöhe unter Flur bis auf 11 m, bei einsträngigem Zug bis auf 26 m erhöht werden, wobei die entsprechenden Tragfähigkeiten auf 5 bzw. 2,5 t reduziert werden mußten. Die vorgenannten maximalen Tragfähigkeiten von 7 bzw. 5 t galten für Auslegerstellungen in Fahrzeuglängsrichtung. Befand sich der Ausleger quer zur Fahrzeuglängsachse, so verminderten sich die Tragfähigkeiten entsprechend der kleineren Standbasis des Fahrzeugs in dieser Richtung. Sie waren aber mit 4 bzw. 2,5 t noch recht beachtlich.

Die große Ausladung bei kürzester Auslegerlänge wurde dadurch erzielt, daß der Aufhängepunkt des Kranauslegers sich außerhalb der Krandrehachse auf der der Last zugewendeten Seite befand. Das Arbeitsfeld unterhalb des Auslegers war durch keinerlei Streben oder Aufbauteile beeinträchtigt.

Die Hubgeschwindigkeit betrug bei
– dreisträngigem Zug 4 m/min,
– zweisträngigem Zug 8 m/min,
– einsträngigem Zug 12 m/min.

Für das Drehen des Auslegers um 90° wurden etwa 25 Sekunden benötigt. Beide Bewegungen konnten auch gleichzeitig durchgeführt werden.

Als sehr nachteilig bei den früheren Konstruktionen

Aufgleisen eines zweiachsigen Güterwaggons.

hatte sich gezeigt, daß der Bedienungsmann keine Möglichkeit hatte, das Gewicht der zu hebenden Lasten zu kontrollieren, was häufig zu Überlastungen der Konstruktion führte. Der neue RKW besaß einen Belastungsanzeiger am Kranausleger, der die jeweilige Belastung und die entsprechende Lastgrenze bei den verschiedenen Auslegerstellungen angab.

Das am Rahmenende unterhalb des Kranaufbaues angeordnete Spill konnte für horizontalen Zug eingesetzt werden. Es hatte bei einsträngigem Zug eine Zugkraft von 5 t bei einer Seilgeschwindigkeit von 3 m/min. Der Elektromotor des Spillantriebes war umschaltbar, so daß Links- und Rechtstrieb des Spills möglich waren. In den Spillantrieb war eine Sicherheitskupplung als Überlastungsschutz eingebaut, die bei mehr als 6 t Seilzug selbsttätig ansprach und den Spillzug unterbrach.

Anwendungsbeispiele

Die Seilwinde für das Heben und Senken der Last konnte auch für das Verholen von Lasten zum Einsatz kommen. Diese Anordnung war dann vorteilhaft anzuwenden, wenn die Last aus tieferliegenden Abhängen, beispielsweise Uferböschungen, an das Fahrzeug herangeholt werden sollte.

RKW 7 der Berufsfeuerwehr Essen beim Einlassen eines Öltanks im Jahre 1955. Da es zu der Zeit kaum Kranwagen gab, wurden die wenigen Feuerwehr-Kranfahrzeuge auch zu Arbeitsleistungen außerhalb ihres eigentlichen Aufgabenbereiches herangezogen.

Auch das Aufgleisen entgleister Güterwaggons war möglich. In ähnlicher Weise ließen sich auch entgleiste Straßenbahnen in kürzester Frist wieder fahrbereit machen, ohne daß zusätzliche hydraulische Hebeeinrichtungen eingesetzt werden mußten. Ebenso war es möglich, Fahrzeuge aus Gewässern zu bergen und – je nach Lage der örtlichen Einsatzbedingungen und der Geländebeschaffenheit – das zu bergende Fahrzeug ohne Verfahren hochzuheben und seitlich abzusetzen. In allen Einsatzsituationen hatte der Bedienungsmann durch die Fernbetätigung die Möglichkeit, die Last immer im Blickfeld zu haben, ohne an die Schalttafel am Fahrzeug gebunden zu sein.

Ausrüstung

Da die Mehrzahl der Geräteräume in ihrem vollen Querschnitt ohne Beeinträchtigung von Kranteilen völlig frei zugänglich war, bereitete die Unterbringung der umfangreichen und zum Teil sperrigen Ausrüstung keinerlei Schwierigkeiten. Die Gerätelagerung war so vorgesehen, daß die einzelnen Ausrüstungsteile unabhängig voneinander zugänglich waren, wobei man artverwandte Geräte möglichst im gleichem Raum unterbrachte.

Mit Rücksicht auf eine günstige Schwerpunktlage und leichte Zugänglichkeit, wurden die schweren Teile in den unteren Geräteräumen gelagert. Da das Fahrzeugleergewicht durch Anwendung der Leichtstahlbauweise nur etwa 9 t betrug, konnte die Nutzlast, bestehend aus Mannschaft und Zuladung, bis zu 4,5 t betragen. Die Normalausrüstung war sehr umfangreich und bestand aus Löschgerät, Rettungs- und Arbeitsgeräten, Werkzeug und Beleuchtungsgeräten. Sie konnte je nach den örtlichen Erfordernissen verändert oder auch erweitert werden.

Der hier beschriebene Prototyp des Rüstkraftwagen (RKW) 7 wurde von der Feuerwehr Tananarive auf Madagaskar gekauft. 1949 gab die Berufsfeuerwehr Essen einen RKW 7 (mit gleicher Krananlage) bei Magirus in Auftrag, der durch Umbau aus einer 1941 auf Mercedes-Benz L 4500 F Allrad-Fahrgestell gebauten Kraftfahrspritze (KS) 25 entstehen sollte. Ob es sich tatsächlich um eine allradgetriebene KS 25 gehandelt hatte, ist aber nicht eindeutig erwiesen. Jedenfalls wurde das erwähnte Fahrgestell von der Essener Feuerwehr gestellt. Der alte Aufbau mußte komplett entfernt werden. Der neue Aufbau entsprach nahezu vollständig dem auf der IAA Frankfurt gezeigten Prototyp. Ursprünglich war eine Vorbauseilwinde an diesem Fahrzeug vorgesehen, die aber aus heute nicht mehr bekannten Gründen fortfiel. Der Rüstkraftwagen wurde 1951 von der Essener Feuerwehr in Dienst gestellt und versah dort zwölf Jahre zuverlässig seinen Dienst bis er 1963 an die Berufsfeuerwehr Giessen verkauft wurde. Endgültig ausgesondert wurde dieses Einzelstück etwa im Jahre 1973. Leider blieb der historisch wertvolle Wagen nicht erhalten.

Dagegen fertigte Magirus bis zum Jahre 1952 noch weitere vier Rüstkraftwagen auf eigenem S 6000 Fahrgestell. Besteller waren die Feuerwehren Saarbrücken, Saarlouis, Neunkirchen und Mönchengladbach. Bis auf das nach Möchengladbach gelieferte Fahrzeug, welches vermutlich Ende der sechziger Jahre ausgemustert wurde, existieren die drei in das Saarland gelieferten Fahrzeuge noch heute.

Aus dem Einsatzalltag des Rüstkraftwagens RKW 7 der Freiwilligen Feuerwehr Völklingen

(in Auszügen)

9. Juli 1958:

Einem mit 8 t Teersplitt beladenen Lkw brach die Hinterachse. Das beschädigte Fahrzeug wurde abgeschleppt.

16. Juli 1958:
Abladen von schweren Betonrohren an einem Neubau.
17. Juli 1958:
Einsetzen eines 23000 l Heizölbehälters in die vorbereitete Baugrube.
1. August 1958:
Hochheben eines in einen Kanalgraben eingebrochenen 11-t-Lkw.
2. August 1958:
Entfernen von entwurzelten Bäumen aus den Baugerüsten von Hochhäusern nach einem starken Unwetter am Abend des 1. August 1958.
20. August 1958:
Ein Dreiachsen-Lkw geriet von der Fahrbahn ab und stieß in ein Anwesen. Zuerst wurde das Fahrzeug zurückgezogen und anschließend, am Kran mit dem Vorderteil hängend, zum Marktplatz abgeschleppt.
22./23. September:
Einbau von zwei 50000-l-Heizölbehältern von je 5,2 t Gewicht. Fahren und Drehen der 10,5 m langen und 2,8 m hohen Kessel war auf dem engen Raum schwierig.
24. September 1958:
Freiziehen des im Morast festgefahrenen Turmwagens der Stadtwerke.
3. Oktober 1958:
Schwerer Verkehrsunfall auf einer Landstraße. Ein Autobus stürzte in einer Kurve etwa 8 m die Böschung hinunter und blieb an einigen Bäumen hängen. Mit Kran und Spill wurde der 8 t schwere Bus Stück um Stück gehoben. Gegen 3.15 Uhr morgens kam noch der RKW 10 aus Saarbrücken zu Hilfe. Zu diesem Zeitpunkt standen die Hinterräder des Busses bereits auf der Straße. Die Bergungsarbeiten sollten ohne große Beschädigungen des Busses erfolgen. Der Staatsanwalt blieb bis zur Sicherstellung des Fahrzeugs an der Unfallstelle.
16. Oktober 1958:
Abschleppen eines in eine Absperrung gefahrenen Lastkraftwagens. Dem Fahrzeug versagten die Bremsen.
16. Oktober 1958:
Durch starke Windböen brach am Eingang zum Hofe des Knabengymnasiums eine Trauerweide in 4 m Höhe ab. Äste und Stamm wurden zersägt und weggeräumt.
3. November 1958:
Ein Lkw der Bundesbahn befuhr mit Kanalrohren beladen eine nicht ausgebaute Straße, rutschte ab und konnte ohne fremde Hilfe nicht freikommen. Über 160 m Seile waren erforderlich, um den 10-t-Lkw auf die Straße zu ziehen.
21. November 1958:
Einsetzen eines neuen Schwimmkörpers an der Anlegestelle der Fähre Fenne.
10. Dezember 1958:
Abladen von Maschinenteilen am Güterbahnhof Völklingen.
7. Januar 1959:
Abladen eines Denkmals. Besondere Sorgfalt war erforderlich. Die weichen Kalksteine konnten ohne Beschädigung abgeladen werden. Dauer des Einsatzes 18 Stunden.
21. Januar 1959:
Abladen einer Fräsmaschine von einem Lkw und Transport in die Werkhalle der Firma.
13. Februar 1959:
Absaugen von Heizölgasen aus dem Kanalsystem.
30. März 1959:
Zwei Pkw stießen zusammen und mußten beide abgeschleppt werden.
30. April 1959:
Auf der Straße nach Püttlingen kam ein leichter Lkw von der Fahrbahn ab und stürzte die 3 m hohe Böschung hinunter. Das auf dem Kopf stehende Fahrzeug wurde mit dem Kran hochgehoben und auf die Straße gestellt.
Grund des Unfalls waren die schlechten Reifen des Fahrzeuges.

11. April 1959:
Freiziehen eines Löffelbaggers auf einer Baustelle.
16. April 1959:
In einer Kurve am Rathaus Völklingen rutschte die Nachläuferbrücke eines Lkw mit 10 t Stabeisen von der Zugmaschine auf den Bürgersteig. Ein Teil der Ladung mußte abgeladen werden, um die Nachläuferbrücke wieder aufzulegen. Anschließend mußte die gesamte Ladung auf ein anderes Fahrzeug umgeladen werden. Grund des Unfalls: Ein nicht gesicherter Bolzen im Drehschemel.
ab 22. April 1959:
Der RKW wurde an verschiedenen Tagen als Stromerzeuger für das Elektro-Schweißgerät des Städtischen Fuhramtes eingesetzt. Es wurden Schweißarbeiten an verschiedenen Brücken im Stadtgebiet ausgeführt.
11. Juni 1959:
Auf Anforderung der Kriminalpolizei wurde die Saar in Höhe der Stangenmühle nach einem Motorrad abgesucht; es konnte geborgen und sichergestellt werden.
2. September 1959:
Auf der Straße Völklingen-Großrosseln stieß ein Lkw mit einem Kraftomnibus zusammen. Die Fahrzeuge waren derart verkeilt, daß sie mit dem Spill des RKW auseinandergezogen werden mußten.

Der auf Mercedes-Benz L 4500 aufgebaute RKW 7 der Essener Berufsfeuerwehr während eines Einsatzes an der Ruhr, bei dem ein verunglückter VW 1200 geborgen wird.

Rüstkraftwagen auf Rundhauber-Fahrgestellen

Auf der Internationalen Automobilausstellung 1951 in Frankfurt stellte Magirus mit der damals höchsten Drehleiter der Welt, einer mechanischen DL 50 + 2, der staunenden Fachwelt gleichzeitig auch eine neue Fahrgestellreihe vor, die über ein Jahrzehnt Feuerwehrgeschichte in Deutschland maßgeblich mitprägen sollte. Es waren die berühmten Rundhauber-Modelle, deren schwere Ausführung mit der Typenbezeichnung »S 6500« hier als besondere Attraktion gezeigt wurde.

Es lag nahe, dieses neue Fahrgestell auch für Rüstkraftwagen zu verwenden, da das bis dahin verwendete S 6000 Chassis nur als für den Feuerwehrbereich entwickelte Versuchsausführung angesehen werden konnte. Von diesem Chassis waren nur wenige Exemplare gefertigt worden, die man fast ausschließlich mit Aufbauten für Rüstkraftwagen

RKW 7 auf Magirus-Deutz S 6500, geliefert 1952 an die Feuerwehr Montevideo/Uruguay. Man beachte die Sirene auf dem rechten vorderen Kotflügel.

und Drehleitern (ab 25 m Steighöhe) verwendete.

Das neue, schwere Rundhauber-Fahrgestell vom Typ S 6500 wies gegenüber dem Vormodell einige wesentliche Verbesserungen und Änderungen auf. Besaß der Vorgänger einen sechszylindrigen Dieselmotor mit 7933 cm^3 Rauminhalt, aus dem 125 PS Leistung bei 2250 U/min erzielt wurden, war das neue Modell mit dem ebenfalls luftgekühlten Achtzylinder-V-Motor F 8 L 614 bestückt, der über einen Hubraum von 10644 cm^3 verfügte und 170 PS bei 2300 U/min leistete. Die Nutzlast dieses Modells stieg von 6 auf 6,5 t.

Der erste auf Magirus S 6500 gefertigte Rüstkraftwagen ging im Jahre 1952 an die Feuerwehr Montevideo/Uruguay. Bis Ende 1956 wurde die beachtliche Stückzahl von 15 Exemplaren gebaut und u.a. an folgende Feuerwehren geliefert:

Montevideo, Duisburg, Reutlingen, Klagenfurt, Kaiserslautern, Madrid, München, Solingen, Linz, Bern und Lissabon.

Die vorgenannten Fahrzeuge fertigte man überwiegend auf dem Standard-Straßenfahrgestell des S 6500. Die Dortmunder Berufsfeuerwehr erhielt im Jahre 1952 als einzige Feuerwehr zu der Zeit einen Rüstkraftwagen (RKW) 7 auf der Allradversion des Rundhaubers A 6500.

Im Jahre 1957 wurde infolge der ständig steigenden Kranlasten eine Anhebung der Krantragfähigkeit von 7 auf 10 t notwendig. Motorleistung, Fahrgestell und die übrigen Einrichtungen blieben nahezu unverändert. Lediglich die Nutzlast des Fahrgestells war auf 7,5 t angehoben worden, daher die neue Bezeichnung S 7500 Jupiter (bzw. Jupiter A für die Allradversion).

Der S 6500 bzw. S 7500 Jupiter erreichte eine Höchstgeschwindigkeit von etwas über 70 km/h; die Reise- und Autobahndauergeschwindigkeit lag bei 60 km/h. Das Schaltgetriebe besaß sechs Vorwärtsgänge (der 6. Gang war als Schnellgang ausgebildet) und einen Rückwärtsgang. Der Kraftstoffverbrauch betrug ca. 22 l Diesel auf 100 km zuzüglich 0,5 l Öl. Während beim S 6500 ein zulässiges

Seitenansicht des RKW 7 auf Magirus-Rundhauber-Fahrgestell. Der Pfeil weist auf die zusätzliche Rahmenverstärkung hin.

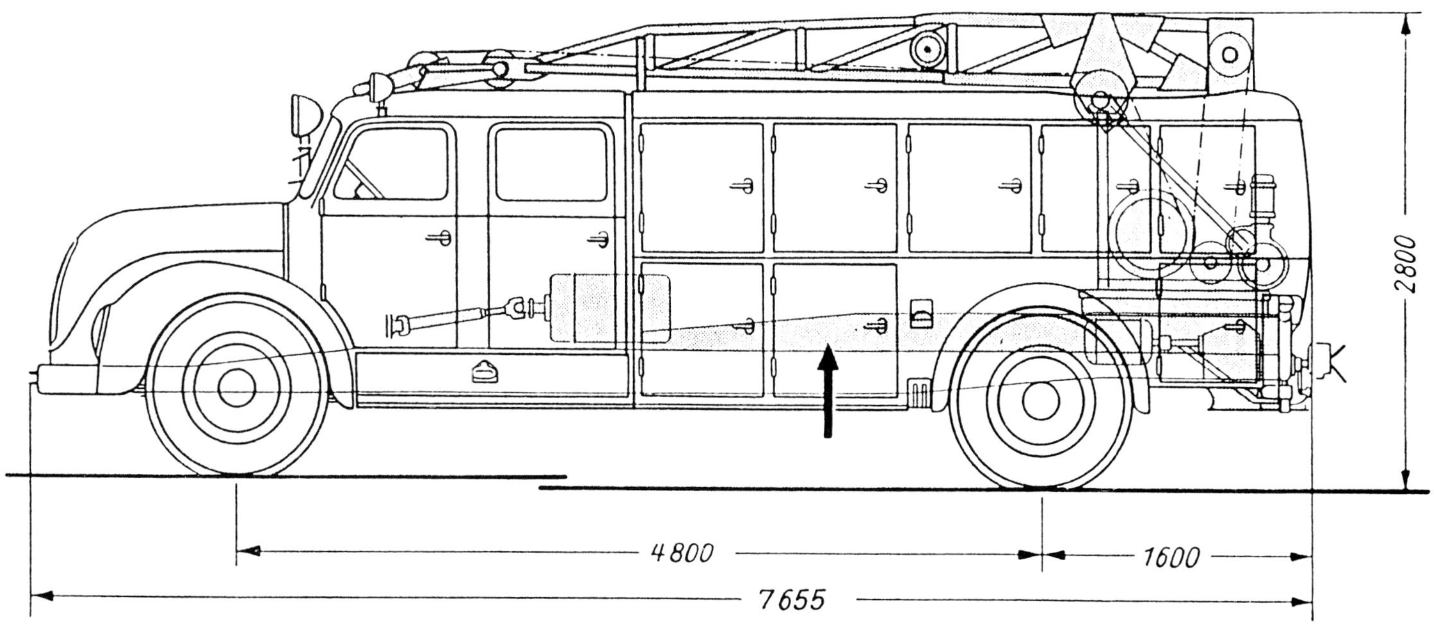

Rüstkraftwagen (RKW) 7, aufgenommen im Jahre 1984 bei der österreichischen Feuerwehr Waidhofen a. d. Ybbs. Dieses Fahrzeug wurde ursprünglich an die Feuerwehr Linz/Donau geliefert und später nach Waidhofen verkauft. Zum Zeitpunkt der Aufnahme stand der Wagen dort noch im aktiven Dienst; die Aussonderung erfolgte Ende der achtziger Jahre. Heute besitzt ein Sammler dieses Fahrzeug.

Gesamtgewicht von 13200 kg erreicht wurde, stieg dieses beim S 7500 Jupiter auf 14600 kg. Entsprechend erhöhte sich die Fahrgestelltragfähigkeit von 8650 kg auf 10030 kg.
Soweit bekannt, wurden bis 1960 noch 8 Rüstkraftwagen (RKW) 10 an verschiedene Feuerwehren ausgeliefert. Als Fahrgestell diente ausschließlich die Allradausführung des S 7500 Jupiter, da für Hilfeleistungen auch häufig Einsätze abseits der befestigten Straßen und Wege erforderlich waren. Im einzelnen wurden folgende Rüstkraftwagen gefertigt:

- Feuerwehr Belgrad 1957
- Feuerwehr Basel 1957
- Feuerwehr Helsinki 1958
- Feuerwehr Wanne-Eickel 1958
- Feuerwehr Barcelona 1959
- Feuerwehr Villach 1959
- Feuerwehr Aachen 1960
- Feuerwehr Bamberg 1960

Nachstehend die detaillierte Beschreibung des Rüstkraftwagens (RKW) 7 in der Rundhauber-Ausführung.

Aufbau

Der Aufbau wurde in moderner Linienführung ausgeführt. Die Vorderwand war schrägliegend, in der Mitte geteilt und keilförmig zugezogen. Die Windschutzpartie war in geschweifter Form in Blech getrieben mit sauberem Übergang von der Motorhaube zur Karosserie. Die Karosserie wurde über den Fahrgestellrahmen heruntergezogen und mit seitlichen Fallungen versehen. Die Dachwölbung war dem Gesamtbild angepaßt. Die Hinterradkotflügel waren mit Spritzschutz versehen und wurden in gefälliger Form eingebaut.

Fahrer- und Mannschaftsraum waren vollständig geschlossen und boten Platz für insgesamt sieben Mann. Die Einsteigetüren waren beiderseits vorn angeschlagen und mit Kurbelfenstern, Türhaltebändern und Zuziehgriffen versehen. Die Windschutzscheiben waren feststehend und aus Sicherheitsglas. Zwei elektrische Scheibenwischer waren angebracht.

An den Türen des Fahrerraumes waren Ablagefächer für Karten, Beschreibungen und dergl. und an jeder Einsteigetür ein Rückspiegel. Anstelle der Fahrtrichtungsanzeiger wurden Blinklichter geliefert. Außerdem war das Fahrerhaus mit Blendschutzscheibe und mit zwei Kennlichtscheinwerfer ausgerüstet. Zum Aufladen der Fahrzeugbatterien war an der linken Wand des Fahrersitzes eine Ladesteck-

Rüstkraftwagen (RKW) 7 auf Magirus-Deutz S 6500 A (Allrad) Fahrgestell, geliefert im Jahre 1952 an die Berufsfeuerwehr Dortmund. Zeitweise war dieses Fahrzeug mit einem zweiachsigen Geräteanhänger im Einsatz.

dose mit Deckel und Kette angebracht. Die Batterien wurden unter dem Fahrersitz gelagert. Der Pedalboden war aus Warzenblech, die Armaturen mit seitlichen Taschen waren geschmackvoll eingebaut.

Die Einsteigetür im Mannschaftsraum hatte ebenfalls Kurbelfenster. Der Boden war mit Linoleum belegt, und allseitig war ein Fußschutz aus gehämmertem Alublech vorgesehen. Zwei Deckenlampen mit eingebautem Schalter waren angebracht. Sitz- und Rückenlehne waren federgepolstert in Pfeifenpolsterung, der Polsterbezug bestand aus Kunstleder.

Das Kastengerippe und die Dachspriegel aus Hartholz waren an den Knotenpunkten mit Versteifungswinkeln armiert. Die Fahrersitzrückwand und die Rückwand des Mannschaftsraumes bestanden aus Sperrholz. Das Dach wurde mit Stabbrettern verkleidet und mit wasserdichtem Dachstoff bezogen. Die Türen erhielten eine Verkleidung, und über den Türen wurden Regenleisten angebracht.

Hinter dem Mannschaftsraum schlossen sich die Laderäume an, die zur Unterbringung der Ausrüstung, des Generators und der Kraneinrichtung dienten. Vorhanden waren fünf durchgehende Laderäume. Über den Hinterradkotflügeln befand sich ein weiterer Laderaum, der jedoch durch den Drehkreis des Kranes stark verengt wurde. Daran rechts und

RKW 7 der Dortmunder Feuerwehr mit geöffneten Geräteraumtüren.

links anschließend befand sich jeweils ein Raum. In Fahrtrichtung links wurde die Schalttafel eingebaut, und auf der rechten Seite wurde das Reserverad gelagert.
Die Räume waren beiderseits durch eine vorn angeschlagene Flügeltür zugänglich. Die Türen mit Endfeststellung öffneten so weit, daß alle Räume gleichzeitig entladen werden konnten. Türschlösser und Griffe waren einheitlich ausgeführt; die Schlösser links- und rechtsschließend.
Der Raum im oberen Teil der Rückwand war durch eine Doppeltür zugänglich und vollständig mit verzinktem Eisenblech ausgeschlagen. Nach oben war dieser Raum für die Kraneinrichtung offen.

Generator

Im Sitzkasten des Mannschaftsraumes befand sich der Generator. Er wurde als Drehstrom-Asynchron-Generator mit einer Leistung von ca. 18 kVA bei einem Leistungsfaktor von 0,8 geliefert. Die Betriebsspannung betrug 220/380 Volt, die Frequenz war 50 Hz. Die Drehzahl des Generators betrug 1500 U/min. Der Antrieb des Generators erfolgte durch eine Gelenkwelle. Die Einschaltung des Nebenantriebes geschah im Fahrerhaus. Der Sitz über dem Generator war hochklappbar, so daß dieser gut zugänglich war.

Rüstkraftwagen (RKW) 10, geliefert 1958 an die Feuerwehr Helsinki/Finnland. Das Fahrzeug besitzt (wie die meisten Ausführungen dieser 2. Bauserie) eine Vorbauseilwinde.

Frontansicht des Rüstkraftwagens (RKW) 10 der Schweizer Feuerwehr Zug (ehemals Feuerwehr Basel). Man beachte die oberhalb des Spills in Eigenleistung aufgesetzte Schlauchhaspel.

Rüstkraftwagen (RKW) 7 mit um 360° drehbarer Krananlage. Das hier abgebildete Fahrzeug entstammt der auf Magirus S 6 000 aufgebauten, späteren Serie und wurde 1952 an die Feuerwehr Neunkirchen/Saar geliefert. Dieser beeindruckende Wagen versah bis Ende der achtziger Jahre seinen Dienst. Aufgenommen wurde das Fahrzeug im Jahre 1982.

RKW 7 der Feuerwehr Neunkirchen/Saar, aufgenommen am 21. Mai 1982.

Heckansicht dieses Wagens. Man beachte den auf dem Fahrzeugdach abgelegten Kranausleger und die formschön gestaltete, verrundete Heckpartie.

Formvollendet präsentiert sich ein Rüstkraftwagen (RKW) 7 der Kamera. Die verrundeten Formen von Haube und Aufbau bilden eine Einheit. Die Abbildung zeigt ein auf Magirus-Deutz S 6500 im Jahre 1953 an die Feuerwehr Reutlingen geliefertes Fahrzeug, welches bis 1978 im Einsatz stand und seither von der Feuerwehr für Traditionszwecke erhalten wird.

Schalttafel

Diese war in Stahlblech ausgeführt und mit schwarzem Schrumpflack gespritzt.
Folgende Instrumente, Schaltgetriebe, Sicherungen usw. waren auf der Schalttafel untergebracht:

1 Strommesser von 0 bis 50 Amp.,
1 Spannungsmesser von 0 bis 500 Volt,
1 Frequenzmesser von 46 bis 54 Hz,
1 selbsttätiger Spannungsregler,
1 Schalter für Generator- und Netzbetrieb, der gleichzeitig als Polumschalter bei Netzbetrieb diente,
1 Hauptschalter zur Sicherung der Leitung zwischen Motor und Schalttafel
sowie die erforderlichen Motorschutzschalter für den Demag-Zug, Spillmotor, Auslegermotor und Kraftsteckdosensicherung.
Die Schutzschalter hatten thermische Überström-Auslösung.
1 Sicherungskasten für die Steuerleitungen,
1 Kippschalter für Schalttafelleuchte.

Von der Schalttafel aus konnte die Motordrehzahl reguliert und die gesamte Anlage überwacht und geschaltet werden. Die Schaltung der Elektromotoren erfolgte durch Druckknöpfe an der Schalttafel oder durch Fernbetätigung über ein 3 m langes Kabel. Hierdurch konnte der Maschinist mit der bewegten Last mitgehen und die Lastbewegungen besser verfolgen. Ließ der Bedienungsmann die Druckknöpfe los, so wurden die Bewegungen sofort stillgesetzt, was in kritischen Fällen von besonderem Vorteil war.

Kraneinrichtung

Bei der Anlage der Kraneinrichtung wurde Wert darauf gelegt, daß der für die Unterbringung des Kranantriebes erforderliche Raum so klein wie möglich gehalten werden konnte, damit der Laderaum für die mitzuführenden Geräte eine vollständig geschlossene Form erhielt, von beiden Seiten gut zugänglich war und durch die Kraneinrichtung nicht beeinträchtigt wurde. Erreicht wurde dies durch die Lagerung des Kranauslegers in seiner Ablagestellung über dem Dach.
Das den Ausleger tragende Krangerüst wurde über dem Rahmenende allseitig drehbar auf einem Drehkreuz aufgebaut. Das Krangerüst enthielt die für die Bewegungen des Auslegers und des Flaschenzuges notwendigen Getriebe, die alle elektrisch angetrieben wurden. Die Getriebe waren selbsthemmend.
Die maximale Hubkraft des Kranes betrug 7000 kg, bei dreisträngiger Flaschenanordnung. Die Ausladung war 2,5 m bei 4 m Hakenhöhe über Flur. Ein Belastungsanzeiger am Ausleger zeigte dem Bedienungsmann die jeweilige Lastgrenze bei den verschiedenen Auslegerstellungen an. Die Hubhöhe unter Flur war 26 m bei 2,5 t Tragkraft und einsträngigem Zug. Die Hubgeschwindigkeit bei der Kranlast von 7 t betrug etwa 4 m/min.

Spill

Unterhalb des Drehkranes war ein Spill eingebaut, das vom Elektromotor des Drehgetriebes angetrieben wurde. Das Spill war für einen horizontalen und schrägen Zug bei einsträngiger Anordnung von 5 t und einer Seilgeschwindigkeit von 3 m/min ausgelegt. Die Drehrichtung des Elektromotors wurde mit einem Wendeschütz umgeschaltet, so daß Links- und Rechtsbetrieb des Spills möglich war. In den Spillantrieb war eine Sicherheitskupplung als Entlastungsschutz eingebaut, die bei mehr als 6 t Seilzug ansprach.

Stützausleger

Zur Aufnahme der vertikalen Kräfte waren am hinteren Rahmenende Abstützvorrichtungen vorgesehen, die von Hand in die Gebrauchsstellung mit Hilfe von Spindel und Spindelmutter gebracht werden konnten. Bei Kranbetrieb quer zur Fahrtrichtung konnte zur Ausnutzung der maximalen Tragfähigkeit eine

Dieser im Jahre 1960 an die Feuerwehr Bamberg gelieferte RKW 10 gehörte zu den letzten auf Rundhauberfahrgestellen ausgelieferten Rüstkraftwagen von Magirus.

Rüstkraftwagen (RKW) 10 vor der Ablieferung an die Feuerwehr Belgrad/Jugoslawien, aufgenommen noch ohne Türbeschriftung. Das Fahrzeug wurde 1957 gebaut und besitzt eine Vorbauseilwinde.

Heckansicht des nach Belgrad gelieferten RKW 10. Gut zu erkennen die am hinteren Rahmenende angeordneten Stützausleger.

weitere Abstützung wahlweise rechts oder links angebracht werden. Die beiden hinteren Stützausleger hatten je zwei Doppelrollen mit Vollgummibereifung. Wurden diese Ausleger ausgefahren, so konnte die angehängte Kranlast von maximal 7 t verfahren werden, sofern der Ausleger in Längsachse nach hinten gerichtet war. Ohne Stützausleger konnten 2 t angehängte Kranlast transportiert werden.

Belastungsanzeiger und Überlastungsschutz
In den Kranauslegern war für den Bedienungsmann gut sichtbar ein Belastungsanzeiger eingebaut, der die jeweils angehängte Last aufzeigte. Die Seilspannung im Hubseil wurde zur Anzeige der Last herangezogen. Eine Umsteuervorrichtung am Fuß des Drehgestells schaltete den Belastungsanzeiger jeweils um, wenn entweder in Fahrtrichtung oder quer zur Fahrtrichtung gearbeitet werden sollte. Ferner war ein sogenannter Überlastungsschutz an diesen Belastungsanzeiger angebaut. Bei 7,5 t Anhängelast ertönte ein Klingelzeichen und bei 8 bis 8,5 t Last erfolgte eine automatische Abstellung durch Betätigung entsprechender elektronischer Endschalter. Hierdurch wurde ein Überlasten und damit Verbiegen des Kranauslegers vermieden.

Schilder
Bedienungsvorschrift für die Kraneinrichtung auf der Innenseite der Schalttafeltür.
Schaltplan der elektrischen Anlage auf der Innenseite der Schalttafeltür.

Lackierung

Fahrgestell Kotflügel Räder	schwarz glänzend, RAL 9005
Aufbau Motorhaube Kühlgitterrahmen	rot glänzend, RAL 3003
Laderaum innen	beige
Drehkranz	beige
Kranausleger	aluminiumfarben
Fahrer- und Mannschaftraum innen	naturgelackt

Fahrer- und Mannschaftsraum des an die Feuerwehr Belgrad gelieferten Rüstkraftwagens (RKW) 10 mit geöffneten Einsteigetüren. Unter der Sitzbank des Beifahrers befindet sich der 120 l fassende Kraftstofftank. Im Sitzkasten des Mannschaftsraumes ist der Generator gelagert.

Seitenansicht des RKW 10 der Feuerwehr Helsinki (Fahrerseite) mit geöffneten Einsteige- und Geräteraumtüren.

Der gleiche RKW, aufgenommen von der Beifahrerseite. Im seitlichen Geräteraum am Heck befindet sich das Reserverad.

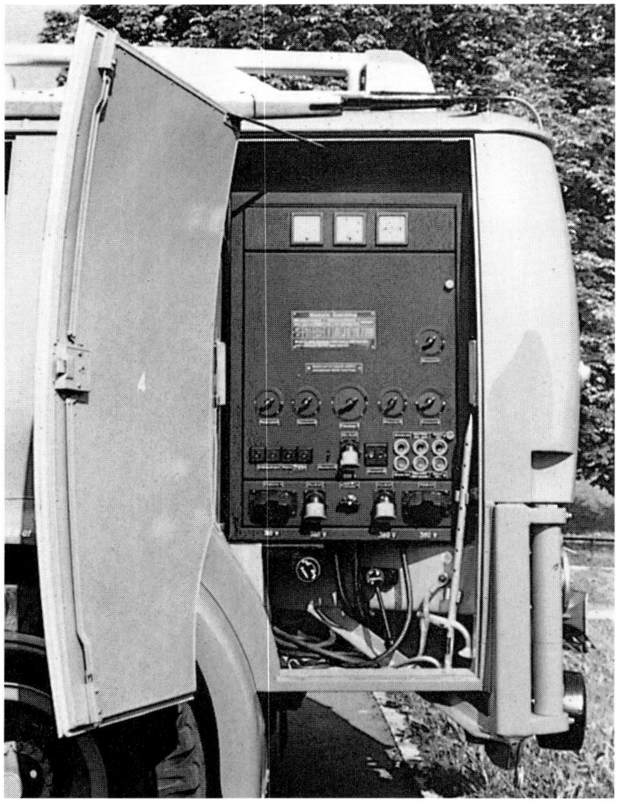

Rüstkraftwagen im Einsatz

Unter der Überschrift: »Viel zu tun für Solingens ›Dicken‹ – Feuerwehr-Rüstkraftwagen im Dauereinsatz« – berichtete eine Tageszeitung Anfang des Jahres 1970 wie folgt:

»Am Montagmorgen sah es noch so aus, als ob der Rüstkraftwagen der Solinger Feuerwehr nicht allzu häufig seinen Platz in der Garage verlassen müßte. Die Feuerwehr teilte auf Befragen mit, die Verkehrsteilnehmer hätten sich wohl auf das Schneewetter mittlerweile eingestellt. Am frühen Montagmorgen

Schalttafel des RKW 10 der Feuerwehr Helsinki.

Rückwärtige Ansicht des RKW 10 für Belgrad mit geöffneter Hecktür, die den Blick auf die Demag-Krananlage freigibt. Unterhalb des Drehkranzes am Rahmenende befinden sich die Stützausleger mit den vollgummibereiften Doppelrollen.

Aufschrift

In einfacher Ausführung auf beiden Einsteigetüren des Fahrerhauses.

Maße und Gewichte (in Klammern RKW 10)

Fahrzeuglänge max.	7860 mm (7950)
Fahrzeugbreite max.	2480 mm (2480)
Fahrzeughöhe belastet max.	2800 mm (2850)
Tragfähigkeit des Fahrgestells	8700 kg
Leergewicht	9500 kg (9700)
Nutzlast	3700 kg
Zulässiger Hinterachsdruck	9400 kg (10 000)
Zulässiger Vorderachsdruck	4600 kg (5000)
Zulässiges Gesamtgewicht	13 200 kg (14 600)

war der ›Dicke‹ nur einmal im Einsatz.
›Aber das kommt wohl noch‹ meinte ein Spritzenmann. Er sollte recht behalten. Pausenlos rollte ab Mittagszeit das 13,8 Tonnen schwere Ungetüm zum Einsatz aus, um die in den Schneemassen steckengebliebenen Kraftwagen wieder flott zu machen.
Trotz der zahlreichen Hilfeleistungen des ›Dicken‹ sprach die Feuerwehr den Verkehrsteilnehmern ein Lob aus. Am Sonntag hatte sich auf den Straßen eine dicke, vom Schnee verdeckte Eisschicht gebildet, die vielen Autofahrern zum Verhängnis wurde. Die Feuerwehr mußte am Montag viele Autofahrer, deren Wagen Opfer der seit Tagen andauernden Schneefälle geworden waren, auf die Hilfe privater Abschleppdienste verweisen. Denn trotz der 170 Pferdestärken des Rüstkraftwagens und trotz seines Mammutgewichtes bleibt auch ein solches Ungetüm nur ein Auto und auch die Spritzenmänner sind bei allem Eifer und bei aller bewiesenen Hilfsbereitschaft ›nur‹ Menschen.«

RKW 10 der Feuerwehr Helsinki in einer Heckaufnahme mit geschlossenen Hecktüren. Diese Abbildung läßt die formschöne Karosseriegestaltung dieser Rundhaubermodelle besonders gut erkennen.

Rüstkraftwagen (RKW) 7 der Berufsfeuerwehr Solingen bei der Bergung einer festgefahrenen Magirus S 3500 DL 25 im Jahre 1961. Beachte die zusätzlichen seitlichen Abstützungen durch Stützspindeln am RKW.

Hilfsrüstwagen für das Saarland

Im Jahre 1954 ließ die Regierung des Saarlandes eine Sonderserie leichterer Rüstwagen entwickeln, um dem dringendsten Bedarf an Hilfeleistungsfahrzeugen dieser Art abzuhelfen.
Der an Magirus vergebene Auftrag wurde als sogenannter Hilfsrüstwagen (HRW) 2 auf dem Fahrgestell des Magirus-Deutz S 3500 ausgeführt.
Anfangs kam obengenanntes Fahrgestell mit nur 85 PS Motorleistung zur Anwendung, womit das verhältnismäßig schwere Fahrzeug total untermotorisiert war. Erst ab 1956 stand für den Hilfsrüstwagen (HRW) 2 das stärkere, mit dem Sechszylinder-Dieseltriebwerk F 6 L 614 bestückte Fahrgestell des S 3500 zur Verfügung, der immerhin 125 PS bei 2300 U/min leistete und 7983 cm³ Hubraum besaß. Dieser Motor konnte den Hilfsrüstwagen auf 85 km/h Höchstgeschwindigkeit beschleunigen. Der Kraftstoffverbrauch lag bei 17 l Diesel auf 100 Kilometer.
Der Hilfsrüstwagen besaß einen Fahrer- und Mannschaftsraum mit fünf Sitzplätzen und daran anschließend einen großen, geschlossenen Geräteraum zur Aufnahme der feuerwehrtechnischen Ausrüstung, in welchem, neben den notwendigsten Geräten zur technischen Hilfeleistung und einigen Löschgeräten, auch eine Tragkraftspritze TS 8/8 mitgeführt wurde. Ein Generator mit 11 kVA Lei-

Hilfsrüstwagen (HRW) 2 mit Türaufschrift »Regierung des Saarlandes« vor der Ablieferung.

stung war eingebaut und wurde über eine Schalttafel gesteuert. Am Fahrzeugende befand sich eine elektrisch angetriebene Spillwinde. Ein zweiteiliger Klappkran befand sich an der Rückwand des Fahrzeugs. Er besaß eine Tragkraft von max. 2 t, was gerade eben zur Bergung eines Pkw ausreichte. Am Rahmenende waren zwei ausschwenkbare Stützspindeln mit Rollen vorhanden, um Lasten verfahren zu können. Der Kranhaken wurde per Seilwinde mittels einer Spezial-Bremsvorrichtung angetrieben.

Wieviel Exemplare vom HRW genau gebaut wurden, ist nicht bekannt. Zu Beginn der achtziger Jahre konnte der Autor noch insgesamt sieben Fahrzeuge fotografieren, die wie folgt stationiert waren: Ottweiler, Dillingen, St. Ingbert, Sulzbach, Lebach, St. Wendel und Homburg (Löschzug Einöd).
Es ist aber anzunehmen, daß von dieser Sonderserie nicht mehr als zehn Exemplare hergestellt wurden. Soweit bekannt, beschränkte sich die Beschaffung dieser Fahrzeuge auf die Jahre 1954 bis 1956.

Der ausgeklappte Kranausleger mit heruntergelassenen Stützrollen des Hilfsrüstwagens.

HRW 2, geliefert im Jahre 1955 an die Feuerwehr St. Wendel, aufgenommen 1984.

Hilfsrüstwagen der Feuerwehr Homburg, Löschzug Einöd aus dem Jahre 1954, aufgenommen im Mai 1982. Das Fahrerhaus wirkt – in Verbindung mit der runden Motorhaube – ungemein wuchtig.

Rüstkraftwagen (RKW) 7, geliefert 1951 an die Feuerwehr Völklingen/Saar im Bauzustand 1982.

Seitenansicht des im Jahre 1960 an die Berufsfeuerwehr Aachen gelieferten RKW 10. Zum Zeitpunkt der Aufnahme im Mai 1981 konnte das Fahrzeug auf eine Kilometerleistung von genau 13 404 zurückblikken – ein Zeichen für den relativ geringen Auslastungsgrad dieser trotzdem notwendigen Fahrzeuge.

RKW 10, der 1957 von der Berufsfeuerwehr Basel in Dienst gestellt wurde, im Jahre 1985 fotografiert bei der Schweizer Feuerwehr Zug, wo sich das Fahrzeug damals noch im Einsatz befand. Beachte die drehbare Flutlichtanlage links oberhalb des Mannschaftsraumes, die durch einen stabilen Astabweiser geschützt wird.

RKW 10 der Berufsfeuerwehr Wanne-Eickel, aufgenommen im Oktober 1981. Seit der Indienststellung im Jahre 1959 hatte das Fahrzeug in 22 Dienstjahren nur 7868 Kilometer Fahrleistung zu verzeichnen.

Hilfsrüstwagen (HRW) 2 auf Magirus-Deutz S 3500 Fahrgestell, geliefert 1954 an die saarländische Feuerwehr Lebach.

Hier ein 1956 an die Feuerwehr Ottweiler geliefertes Fahrzeug, welches noch in der alten Farblackierung (schwarze Kotflügel) gehalten ist.

Hilfsrüstwagen der Feuerwehr St. Ingbert/Saar, geliefert im Jahre 1955. Der Wagen stand 1984 noch im Einsatzdienst.

Auch die Feuerwehr Dillingen besaß einen 1955 beschafften Hilfsrüstwagen (HRW) 2.

Pionierwagen der Berufsfeuerwehr München

Konstruktiv angelehnt an den 1936 beschafften Pionierwagen, orderte die Berufsfeuerwehr München in den Jahren 1954 und 1957 zwei neue Fahrzeuge dieser Art, die sich durch umfangreiche Verbesserungen auszeichneten. Hierbei berücksichtigte man die Einsatzerfahrungen, die man mit dem vor dem Kriege in Dienst gestellten Pionierwagen gemacht hatte. Die neuen Fahrzeuge verfügten ebenfalls über einen heckseitig klappbaren Hilfskran von maximal 2 t Tragfähigkeit.

Als Fahrgestell diente in beiden Fällen das schwere Magirus-Deutz-Rundhauber-Fahrgestell S 6500 bzw. F Jupiter, das über ein luftgekühltes Achtzylinder-Dieseltriebwerk F 8 L 614 mit 10570 cm³ Hubraum und 170 PS Leistung verfügte.

Während der am 5. April 1955 in Dienst gestellte erste Pionierwagen, der voll ausgerüstet DM 86000.– kostete, im Dezember 1970 an die Feuerwehr Schwabach bei Nürnberg verkauft wurde, veräußerte man das zweite Fahrzeug nach Aussonde-

Diese Werkaufnahme zeigt den 1954 für die Münchener Feuerwehr erbauten Pionierwagen vor der Ablieferung an den Kunden.

rung bei der BF München an die Freiwillige Feuerwehr Münnerstadt. Beide Wagen leisteten als RW 2 den neuen Besitzern noch mindestens bis Ende der achtziger Jahre gute Dienste. Im Zuge der Umrüstung wurde beim Schwabacher RW 2 der Hilfskran abgebaut. Die am Heck angebrachten Stützausleger blieben hingegen erhalten.
Nachstehend soll der 1954 gelieferte Pionierwagen (PW 2/15) ausführlich beschrieben werden.

Allgemeines

Der Pionierwagen diente als Zusatzfahrzeug zum Kranwagen oder Rüstkraftwagen üblicher Bauart. Er war in seinen Laderäumen so ausgelegt, daß er eine komplette Ausrüstung des Rüstkraftwagens raummäßig aufnehmen konnte. Außerdem war eine 18-kVA-Generatoranlage, eine Seilwinde mit elektrischem Antrieb und ein 2 t Kranausleger mit Handauszuggetriebe am Fahrzeugende angebaut. Dieser Ausleger war in der Mitte geteilt. Das Unterteil wurde in Fahrstellung an die Fahrzeugrückwand angelegt und der klappbare, obere Teil auf dem Dach gelagert.
Das Gesamtbild des Pionierwagens zeigte die seit Jahren gebräuchliche, geschlossene Aufbauform. Der Aufbau wurde zweiteilig ausgeführt, d.h., die Kabine für Fahrer und Mannschaften und die Laderäume für die feuerwehrtechnische Ausrüstung waren unabhängig voneinander auf dem Fahrgestell montiert. Hierdurch wurden bei Belastungen auftretende Verschiebungen der Aufbauten und damit schädliche Formveränderungen vermieden.

Hier das 1957 gebaute Fahrzeug, das auf dem Magirus-Deutz Jupiter Fahrgestell aufgebaut wurde. Das Fahrzeug war in Ganzstahlbauweise ausgeführt und in einer Art Omnibusbauform gestaltet, bei der der Mannschaftsraum äußerlich in den Geräteaufbau integriert war.

Fahrgestell und Motor

Für diesen Pionierwagen wurde ein Fahrgestell hoher Tragfähigkeit und Steifigkeit benötigt. Der Konstruktion dieses Fahrzeugs wurde daher ein 6,5-t-Fahrgestell mit folgenden technischen Daten zugrunde gelegt:

Radstand	4800 mm
Rahmentragfähigkeit	8700 kg
Zulässiges Gesamtgewicht	13200 kg
Bereifung	11.00–20 eHD
Motor:	
luftgekühlter Dieselmotor, 8 Zylinder, 170 PS	
Motordrehzahl	2300 U/min
Max. Geschwindigkeit	72 km/h
Max. Steigfähigkeit	45%

Zur Vermeidung von schädlichen Auswirkungen auch bei höchsten Seilwinden- und Kranlasten wurde der Rahmen zusätzlich verstärkt. Klappbare Stützausleger und eine Federblockierung übertrugen die auftretenden Kräfte direkt auf den Boden, ohne daß Federn und Reifen überlastet wurden.

Fahrer- und Mannschaftsraum

In der Fahrer- und Mannschaftskabine war Platz für

Rechts: Seitenansicht des 1954 gebauten Pionierwagens, die die geräumigen Laderäume durch die geöffneten Türen erkennen läßt. Der Radstand dieses Fahrzeugs betrug 4800 mm.

Rechts unten: Seitenansicht des 1954 gebauten Pionierwagens, die die geräumigen Laderäume durch die geöffneten Türen erkennen läßt. Der Radstand dieses Fahrzeugs betrug 4800 mm.

Links: Auf den Fahrzeugdächern der Pionierwagen waren großräumige Galerien montiert, die der Lagerung des Reservereifens und langer, sperriger Ausrüstungsgegenstände dienten. Hier das Fahrzeug von 1954.

räume, die eine geschützte Lagerung der Ausrüstung im Fahrzeuginneren gestatteten.
Vorhanden waren:
Fünf durchgehende Laderäume, wovon der hinterste durch die maschinelle Anlage und die Schalttafel im unteren Teil räumlich begrenzt war. Die mit Feststellern versehenen Türen gestatteten eine gleichzeitige Entladung aller Räume. In der Rückwand war eine herausnehmbare Wand vorgesehen. Vor der Seilwinde im hinteren Laderaum war auf der rechten Fahrzeugseite eine ebenfalls abnehmbare Verkleidung angebracht, so daß im Bedarfsfalle der Zugang zur maschinellen Anlage leicht möglich war. elf Personen einschließlich Fahrer. Die Querbänke waren federgepolstert und mit Kunstleder in Pfeifengarnierung bezogen. Die Trennwände und die seitlichen Verkleidungen waren in naturlasiertem Sperrholz gehalten und durch Fußsockel aus brüniertem Aluminiumblech geschützt. Batterien, Kraftstoffbehälter und Generator waren unter den Sitzbänken untergebracht. Die Sitzkissen konnten leicht abgenommen werden. Die Kabine war als Ganzstahlkonstruktion ausgeführt. Das Gerippe bestand aus hochwertigen, kastenförmigen Profilen, die durch elektrische Schweißung miteinander verbunden und mit doppeltdekapiertem Stahlblech verkleidet waren.

Laderäume

Durch die geschlossene Aufbauform entstanden über die ganze Fahrzeugbreite durchgehende Lade-
Auf dem Fahrzeugdach war eine großräumige Galerie montiert. Hier wurden die Reservereifen sowie lange, sperrige Ausrüstungsteile gelagert. Der Zugang zur Galerie erfolgte vom rechten Fahrzeugende über eine Leiter und Lattenrost.

Elektrische Anlage

Zur Speisung von Werkzeugmaschinen, Beleuchtungskörpern, Schweißmaschinen und des Motors der Seilwinde war auf dem Fahrgestell unter dem rückwärtigen Sitzkasten des Mannschaftsraumes ein Drehstrom-Asynchron-Generator eingebaut. Die Leistung betrug 18 kVA bei einem entsprechenden Leistungsfaktor von 0,8. Die Betriebsspannung betrug 220/380 Volt; die Frequenz 50 Hz. Die Drehzahl des Generators betrug 1500 Upm.

Heckansicht des 1957 gebauten Wagens mit eingeklapptem Hilfskran. Rechts die zur Dachgalerie führende Leiter.

Der Generator wurde von der Lichtmaschine des Fahrmotors angetrieben, der durch eine Gelenkwelle vom Nebenantrieb des Fahrgetriebes aus erfolgte. Der Nebenantrieb war blockiert, konnte also nur im Stand betätigt werden. Mit Einschalten des Nebenantriebes legte automatisch ein Spezialumschalter die Lichtmaschine auf die Generatorerregung um. Die Drehzahlregulierung und Überwachung des Generators erfolgte von einer Schalttafel. Diese Schalttafel war eine Stahlblechkonstruktion, die mit schwarzem Schrumpflack überspritzt war. Folgende Meßinstrumente, Schutzschalter, Sicherungen usw. waren auf der Schalttafel untergebracht:

- 1 Spannungsmesser 0 bis 500 V
- 1 Strommesser 0 bis 60 A
- 1 Frequenzmesser 45 bis 55 Hz
- 1 Hauptschalter für den Generator
- 1 Spezialregler mit Gleichrichter, Trafo und Sollwerteinsteller
- 1 Kraftsteckdose 60 A, 3polig
  2 Kraftsteckdosen 6 bis 15 A, 2polig
  3 Schutzschalter passend hierzu

Der Schaltschrank konnte durch eine Tür im mittleren Teil geöffnet werden, so daß die gesamte Verdrahtung und die einzelnen Aggregate leicht zugänglich waren.

Seilwinde

Am Fahrzeugende war auf den Verstärkungsrahmen des Fahrgestells eine elektrisch angetriebene Seilwinde gebaut. Diese Seilwinde bestand aus:

1 Drehstrom-Schleifringmotor 13,5 PS mit Thermoschaltern am Winkelkopf als Überlastungsschutz
1 Wendekontroller
1 Motorschutzschalter mit Spannungsrückgangsauslösung
1 Schaltschütz mit Notdruckknopfschalter, Kontrollampe und Steuersicherung
1 Gleichstrom-Magnetbremse mit Gleichrichter, Trafo und Glasröhrensicherung
1 Schaltgetriebe mit schräg verzahnten Zahnrädern im Ölbad laufend und kugelgelagerten Wellen
1 Seiltrommel mit Seilführung

Motorschutzschalter, Schaltschütz und Gleichrichteranlage waren auf der linken Seite der Schalttafel montiert, der Wendekontroller unter der Schalttafelkonsole.

Das Getriebe ließ sich in zwei Geschwindigkeitsstufen schalten und trieb die Seiltrommel auf einer keilverzahnten Welle an. Die Umschaltung auf die einzelnen Stufen erfolgte durch eine Teleflexanlage mittels Geberdose. Es waren drei Schaltstellungen markiert: »Stillstand«, »Langsam« und »Schnellgang«. Es war besonders darauf zu achten, daß die Schaltung des Getriebes nur im Stillstand und ohne Seillast erfolgen durfte.

Im Normalgang, also bei kleiner Seilgeschwindigkeit, betrug die maximale Zuglast 15 t am einfachen Seil. Im Schnellgang betrug die maximale Zuglast jedoch nur 5 t, in der Stellung »Stillstand« konnte das Seil von der Trommel abgezogen werden. Der Wendekontroller zum Betätigen der Seilwinde war mit seiner Drehachse in Fahrzeugrichtung montiert. Das Handrad zur Betätigung befand sich im linken Fahrzeugende unterhalb des Handrades zur Federabstellung. Der Wendekontroller hatte drei Schaltstufen; mit der Seilwinde durfte jedoch nur auf der 3. Stufe gearbeitet werden.

Es war darauf zu achten, daß zur Schonung des Seiles nur im direkten, geraden Zug gearbeitet wurde. Die Seilwinde war durch eine Segeltuchplane mit Druckknöpfen abgedeckt.

Hilfskran

Über der Seilwinde war der klappbare Hilfskran gelagert. In Arbeitsstellung hatte dieser Ausleger eine Ausladung von 2,3 m und eine Hakenhöhe von 2,8 m. Die maximale Hubkraft dieses Kranes betrug

2 t bei einer Hubgeschwindigkeit von ca. 2 m/min. Die Bewegung des Kranhakens erfolgte durch ein in den Klappkran eingebautes Handwindwerk mit Sperrädern und Bremse. Rechts und links neben dem Unterteil des Hilfskranes war je ein klappbarer Stützausleger montiert. Diese Stützausleger waren bei Spillbetrieb oder bei Kranlasten über 1 t auszuklappen. Lasten unter 1 t konnten verfahren werden.

Bedienung der elektrischen Anlage

Zur Erzeugung der elektrischen Energie war der Drehstrom-Asynchron-Generator in Betrieb zu setzen. Der Generator konnte nur bei stillstehendem Fahrzeug geschaltet werden, da der Nebenantrieb des Fahrgetriebes verriegelt war. Die Zuschaltung des Generators erfolgte vom Fahrersitz aus, indem der Kupplungshebel angezogen und der Schalthebel für den Nebenantrieb eingerückt wurde. War dieses vollständig geschehen, so wurde der Kupplungshebel langsam nachgelassen. Die Einschaltung durfte nur bei langsam laufendem Motor erfolgen.

Mittels der Kraftstoffregulierung, die an der Schalttafel eingebaut war, wurde die Drehzahl des Motors so lange gesteigert, bis das Voltmeter auf der Schalttafel eine Generator-Spannung von 380 Volt und eine Frequenz von 50 Hz für den unbelasteten Generator anzeigte. Anschließend war der Hauptschalter auf der Schalttafel (Generator) einzudrükken. An den drei vorhandenen Abgängen konnten nun elektrische Geräte angeschlossen werden. Der Bedienungsmann hatte darauf zu achten, daß Spannungsschwankungen vermieden wurden.

Arbeiten mit der Seilwinde

Sofern der Generator noch nicht zugeschaltet war, war wie vorher geschildert zu verfahren. Der Getriebeschalter mußte in Stellung »Schnellgang« zum Seilabspulen geschaltet werden. Im Anschluß an die Getriebeschaltung wurde der Motorschutzschalter zugeschaltet. Im ausgeschalteten Zustand lag der Schalthebel des Motorschutzschalters waagerecht, im eingeschalteten Zustand senkrecht. Die am Wendekontroller angebaute Kontrollampe war zu beobachten. Die Lampe mußte aufleuchten, sobald die Anlage betriebsbereit war. Leuchtete die Lampe nicht auf, so war der danebenliegende Notdruckknopf zu betätigen. Anschließend wurde der Motor zur Seilwinde über den Wendekontroller zugeschaltet. Dieser Kontroller hatte, wie bereits erwähnt, drei Stufen, bei denen nur in der 3. Stufe gearbeitet werden durfte. Die Drehrichtung, ob rechts- oder linkslaufend, d.h. Auf- oder Abspulen des Seiles, waren am Kontrollhandrad angezeichnet.

Arbeitsgeschwindigkeit und Seillast bedingten die Stellung des Getriebeschalthebels. In der Stellung »Langsam« konnten 15 t am einfachen Seil bei einer Geschwindigkeit von 5 m/min gezogen werden. Im

Abziehen des Seiles durch 2 Maschinisten am Pionierwagen von 1954. Der Bedienungsmann am Schaltpult hat den Schnellgang und die Kontrollerstellung »Nachlassen« eingestellt.

Schnellgang betrug die Seilgeschwindigkeit 12 m/min und die Seillast 5 t. Es war besonders darauf zu achten, daß das Getriebe nur im Stillstand und ohne Seillast geschaltet werden durfte. Ein Hinweisschild war über dem Getriebeschalter angebracht.

Das Abziehen des Seiles auf die erforderliche Länge erfolgte am zweckmäßigsten im Schnellgang bei der entsprechenden Kontrollstellung »Nachlassen«.

Bei plötzlich auftretenden größeren Hindernissen für die heranzuziehende Last oder im Gefahrenfalle war der Notschalter zu drücken. Hierbei erlosch die Kontrollampe. Der Wendekontroller war in die Stellung »Null« zurückzudrehen.

Durch das Drücken des Notschalters fiel der Schaltschütz aus, und die Magnetbremse am Motor wurde eingeschaltet. Ein sofortiger Stillstand der Seilbewegung wurde hierdurch erreicht. Nach Beseitigung des Hindernisses oder der Gefahr war wiederum der Notschalter zu betätigen und mit dem Kontroller, wie bereits beschrieben, zu verfahren. Sollte die Kontrollampe nicht aufleuchten, war zu prüfen, ob der Motorschutzschalter nicht abgeschaltet war. Gegebenenfalls war dieser erneut einzulegen. Sprach die Kontrollampe trotzdem nicht an, so war die Glasröhrensicherung zu prüfen und wenn nötig zu erneuern. Diese Sicherung war von der Außenseite des Motorschutzschalters durch einen Schraubstopfen zu erreichen. Die Sicherung war außerdem durch ein Schild »Sicherung, Steuerleitung« gekennzeichnet.

Löste die Magnetbremse beim Einschalten des Wendekontrollers nicht aus, was sich durch starken

Der klappbare Hilfskran des Pionierwagens 1954 beim Anheben eines kompletten Opel-Blitz 1,75 t Fahrgestells.

Heckansicht des als RW 2 bei der Feuerwehr Münnerstadt im Dienst stehenden Pionierwagens.

Rückwärtige Ansicht des Hilfsrüstwagen (HWR 2) der Feuerwehr St. Wendel. Gut zu erkennen ist der an der Rückwand zusammengeklappte zweiteilige Kran.

Hier der 1957 ebenfalls nach München gelieferte zweite Pionierwagen, welcher später an die Feuerwehr Münnerstadt verkauft wurde. Diese Abbildung zeigt das Fahrzeug dort im Sommer 1988, wo es – als RW 2 – noch im Dienst stand.

Pionierwagen PW 2/15 der Berufsfeuerwehr München, hier im Dienst als RW 2 bei der Feuerwehr Schwabach bei Nürnberg, aufgenommen im Sommer 1983. Das Fahrzeug wurde nach der endgültigen Aussonderung Ende der achtziger Jahre von einem Sammler erworben.

Magirus-Rüstkraftwagen RKW 10 auf Magirus F Jupiter A Fahrgestell, geliefert im Jahre 1963 an die Feuerwehr Castrop-Rauxel. Die Aufnahme entstand im Mai 1981 auf dem Hof der Castroper Feuerwache. Das Fahrzeug wurde ca. 1987 außer Dienst gestellt und wird seither – mit abgebauter Vorbauseilwinde – von einem Sammler erhalten.

Hilfsrüstkraftwagen RKW 10 auf Magirus-Eckhauber-Fahrgestell, geliefert nach Lausanne, in einer Seitenaufnahme.

Dieser in einer Seitenansicht gezeigte RKW 10 wurde im Jahre 1962 von der Berufsfeuerwehr Lübeck geordert. Ende der siebziger Jahre erwarb die ostfriesische Feuerwehr Wiesmoor dieses Fahrzeug, das zum Zeitpunkt der Aufnahme, im Sommer 1985, noch im aktiven Dienst stand.

Im Jahre 1963 an die Feuerwehr Witten gelieferter RKW 10, dort aufgenommen im Januar 1983. Dieses Fahrzeug wurde erst Anfang der neunziger Jahre aus dem Einsatzdienst genommen. Es wird der Nachwelt erhalten bleiben.

RKW 10, der 1964 an die Feuerwehr Iserlohn geliefert wurde. Er stand zum Zeitpunkt der Aufnahme, am 19. 8. 1989 noch im Dienst.

Zu den ersten ausgeliefer-ten Exemplaren des KW 16 gehörte das hier gezeigte Fahrzeug der Feuerwehr Remscheid aus dem Jahre 1962. Die 1988 entstandene Abbildung vermittelt einen guten Eindruck vom wuchtigen Erscheinungsbild dieses Kranwagens.

KW 16 der Stuttgarter Feuerwehr, geliefert am 8. 12. 1961. Nach den positiven Erfahrungen mit dem im Mai 1957 in Dienst gestellten KW 15 war dies das zweite Fahrzeug dieser Art, das die Stuttgarter Berufsfeuerwehr beschaffte.

Am 19. 5. 1965 stellte die Berufsfeuerwehr Kassel einen KW 16 in Dienst, der bis Ende der achtziger Jahre dort Einsatzdienste verrichtete. Dieses Fahrzeug wurde nach fast 25 Jahren Dienst von der Feuerwehr Marburg übernommen und dort total überholt. Im Sommer 1990 präsentierte sich das Fahrzeug in neuer Lackierung dem Fotografen.

Heckansicht des Marburger KW 16.

KW 16 der Berufsfeuerwehr Dortmund, aufgenommen im August 1991 auf der Hauptwache.

Kranwagen KW 20 der Berufsfeuerwehr Berlin, in Dienst gestellt am 16. 9.1970. Die Aufnahme entstand im Herbst 1984.

Ein Einzelstück blieb dieser im Jahre 1973 auf Magirus-Deutz FM 310 D 26 AK 6×6 Fahrgestell an die Berufsfeuerwehr Solingen gelieferte KW 20 mit MFL-Hydraulikkran.

Ausschlag des Ampéremeters bemerkbar machte, so war die Sicherung des Gleichrichters zu überprüfen und zu ersetzen. Diese Sicherung war ebenfalls durch einen Schraubstopfen von außen zu erreichen und durch ein Schild »Sicherungen, Gleichrichter« gekennzeichnet.

Beim Arbeiten mit der Winde unter Last war besonders darauf zu achten, daß nur im geraden Zug gearbeitet wurde. Dieses bedeutete eine Schonung des Seiles. Bei Seillängen bis zu 40 m konnten Winkelabweichungen von der Geraden bis zu 10°, ohne Seilbeschädigungen befürchten zu müssen, stattfinden. Wurden größere Winkelabweichungen erforderlich, so waren Umlenkrollen einzuschalten. Zu empfehlen war, daß der Durchmesser dieser Umlenkrollen nicht unter 500 mm lag. Mit der Seilwinde konnte nur bei eingeklapptem Hilfskran gearbeitet werden.

Arbeiten mit dem Hilfskran

Sollte mit dem Hilfskran gearbeitet werden, so war der obere Teil des Auslegers, der in Fahrstellung auf dem Dach des Fahrzeuges innerhalb der Galerie gelagert war, beizuklappen und durch die entsprechenden Steckbolzen zu sichern. Dann war der gesamte Ausleger von der Rückwand des Fahrzeuges durch Betätigung der Knebelgriffe zu lösen und bis zum Spannen des Zugseiles abzulassen.

Auf eine genügende Anzahl Hilfsmannschaften bei dieser Arbeit zur Vermeidung von Unfällen wies man besonders hin.

Die Handkurbeln zur Betätigung des Auszuggetriebes waren unter der Schalttafel gelagert. Lasten bis zu 1 t konnten mit dem Fahrzeug verfahren werden.

Instandhaltung und Wartung

Schmierung

Die Schmierung von Motor und Fahrgestell erfolgte nach dem Schmierplan H 5065-20. Der Drehstrom-Generator war kugelgelagert und mit Fett eingesetzt. Eine Schmierung war hier nicht erforderlich. Die Seilwinde lief im Ölbad. Das linke Lager der Seiltrommel war mit Fett eingesetzt, bei der äußerst geringen Drehzahl der Seilwinde war eine Schmierung erst nach 500 Betriebsstunden erforderlich. Der Ölstand war mittels des Ölmeßstabes und der Einfüllschraube zu kontrollieren. An den Ölstand gelangte man nach Fortnahme des Verkleidungsbleches im letzten, hinteren seitlichen Fach. Der Ölwechsel war nach einer Betriebsdauer von ca. 200 bis 250 Stunden zu empfehlen. Als Ölsorte wurde ESSO ESTIK 50 vorgeschlagen. Die Ablaßschraube befand sich im Boden des Getriebegehäuses. Sie befand sich ebenfalls im hinteren, rechten Radraum. Der Zugang hierzu war markiert. Die Schmierung des Handauszuggetriebes erfolgte über sechs Druckschmierköpfe, die einwandfrei gekennzeichnet und zugänglich waren.

Seilpflege

Das Zugseil mit einem Durchmesser von 20 mm war nach jedem Einsatz gut zu reinigen und zu fetten. Auf etwaige Brüche der Einzeldrähte war besonders zu achten. Sollte ein unzulässig hoher Ablenkungswinkel beim Arbeiten mit der Winde vorgekommen sein, war das Seil restlos abzuziehen und zu überprüfen. Eine Segeltuchplane schützte Seil- und Seilwinde vor Feuchtigkeit und Staub.

Elektrische Anlage

Der Generator brauchte nicht besonders gewartet zu werden. Die Schalttafel war vor Nässe und Staub zu schützen. Eine monatliche Untersuchung und Reinigung wurde empfohlen. Die Kontakte des Wendekontrollers waren nach größeren Arbeiten zu überprüfen, bei Abbrand nachzuarbeiten und danach mit Vaseline dünn einzufetten.

Ersatzteile

Als Ersatzteile, die unbedingt auf Lager gehalten

und im Fahrzeug mitgeführt werden sollten, wurden vorgeschlagen:
Glasröhrensicherungen 4 A, für die Sicherung zum Gleichrichter und zum Schaltschütz, außerdem einige Lichtbogenkammern SSW Nr. RPT 7612.
Alle übrigen elektrischen Geräte waren im Schaltplan ausführlich bezeichnet. Es waren meist handelsübliche Schutzschalter, Schaltschütze usw. der Firma Siemens, die im Bedarfsfalle von den Zweigniederlassungen dieser Firma bezogen werden konnten.
Ersatz von Zahnrädern, Kugellagern und dergleichen für die Seilwinde dürften nicht so schnell vorkommen. Als einziges Ersatzteil wurde ein Drahseil 20 B 160 DIN 655, 35 m lang mit Seilkausche an einem Ende vorgeschlagen.

Diese Abbildung zeigt den an die Berufsfeuerwehr Hagen im Jahre 1959 gelieferten Eckhauber als Rüstkraftwagen RKW 10, dessen Aufbau noch in der verrundeten Bauweise der auf Rundhauber-Fahrgestellen hergestellten Vormodelle gestaltet war. Dieses Bild zeigt durch die geöffnete Tür des hinteren Geräteraums auf der Fahrerseite die darin angebrachte Schalttafel.

Magirus-Rüstkraftwagen auf Eckhauber-Fahrgestellen

Mit der Ablieferung der Rüstkraftwagen RKW 10 an die Feuerwehren Aachen und Bamberg, lief im Jahre 1960 die Fertigung dieser Fahrzeuggattung auf dem Rundhauber-Fahrgestell aus.

Bereits 1959 erstellte Magirus einen Rüstkraftwagen gleicher Kranleistung auf dem ersten für diesen Zweck verwendeten Eckhauber-Fahrgestell F Jupiter A (Allrad), welcher an die Berufsfeuerwehr Hagen geliefert wurde.

Als Besonderheit sei hier vermerkt, daß dieser Rüstkraftwagen – ganz im Gegensatz zu den späteren Lieferungen auf diesem Fahrgestell, die mit einem neugestalteten, eckigen Aufbau versehen waren – mit dem allseits verrundeten Aufbau der früheren Rundhauber-Modelle in Dienst gestellt wurde.

Bis zum Jahre 1965 konnte Magirus immerhin noch 11 weitere Rüstkraftwagen auf Eckhaubern an den Mann bringen. Die Lieferungen erfolgten an:

Besteller	**Lieferjahr**
Feuerwehr Lausanne	1960
Feuerwehr Oberhausen	1960
Feuerwehr San Sebastian/Spanien	1961
Feuerwehr Lübeck	1962
Feuerwehr Bangkok/Thailand	1962
Feuerwehr Castrop-Rauxel	1963
Feuerwehr Witten	1963
Feuerwehr Biel/Schweiz	1963
Feuerwehr Bonn	1964
Feuerwehr Iserlohn	1964
Feuerwehr Köln	1965

Mit dem Erscheinen leistungsfähiger, spezieller Feuerwehr-Kranwagen (bei Magirus die Typen KW 15 und 16, die im nächsten Kapitel behandelt werden) ging der Bedarf an Rüstkraftwagen dieser Art zurück, denn diese Modelle konnten hinsichtlich der Krantragfähigkeit den deutlich gestiegenen Anforderungen nicht mehr ausreichend Rechnung tragen. Außerdem waren die Beschaffungskosten für dieses Fahrzeug sehr hoch.

Der RKW 10 in seiner letzten Ausführung soll nachstehend beschrieben werden.

Fahrerhaus mit Mannschaftsraum

Geschlossene Ausführung in Stahlbauweise mit Vollschalldämpfung. Sitzplätze für den Fahrer und weitere fünf Personen. Einsteigtüren beidseits vorn angeschlagen, mit Kurbelfenstern, Türhaltebändern und Zuziehgriffen, Fahrerraumtür mit zusätzlichen Austellfenstern. Türgriff der linken Fahrerraumtür abschließbar, alle übrigen Türen mit Innenverriegelung. Sämtliche Scheiben aus Sicherheitsglas, feststehende Windschutzscheibe aus Verbundglas. Scheibenentfrostung und Raumbeheizung durch vom Motor erwärmte Frischluft. Batterielagerung links unter dem Fahrersitz. Kraftstoffbehälter 115 l rechts im Beifahrersitzkasten. Fahrersitz als allseitig verstellbarer Einzelsitz ausgebildet, mit Schaumgummipolsterung und Kunstlederbezug. Beifahrersitz für zwei Personen, federgepolstert mit Kunstlederbezug, Sitzkissen zum Füllen der Kraftstofftanks abnehmbar. Holzsitzbank an der Rückwand des Mannschaftsraumes hochklappbar, mit untergebautem Sitzkasten, darüber schmale, leicht gepolsterte Rückenlehne. Pedalboden aus Stahlblech mit Gummibelag, Boden im Mannschaftsraum ebenfalls mit

Gummibelag. Beleuchtung durch eine Deckenlampe mit eingebautem Schalter.

Geräteaufbau

Gerippe in Ganzstahl-Leichtbauweise, Außenverkleidung und Dachverschalung aus Stahlblech. Der Geräteaufbau umschloß die Laderäume zur Unterbringung der Ausrüstung sowie die Räume für den Generator und die Kraneinrichtung. Vorgesehen war ein großer, durchgehender Laderaum hinter der Mannschaftskabine mit beidseitigen Doppeltüren, im Anschluß daran ein kleiner, durchgehender Raum mit Flügeltüren sowie zwei weitere Räume rechts und links von der Krananlage. Im rechten war das Reserverad, im linken die Schalttafel für Generator, Kran- und Spillanlage untergebracht.

Alle Türen waren mit Endfeststellung und links und rechts schließenden Schlössern ausgestattet und konnten so weit geöffnet werden, daß alle Räume gleichzeitig zu entladen waren. Der Raum für die Krananlage am Fahrzeugende war vollständig mit Blech ausgeschlagen und von hinten durch eine Tür zugänglich.

Trittbretter und Trittbrettkasten

Links zwischen Vorderradkotflügel und Geräteaufbau ein Trittbrett aus Aluminium-Warzenblech. Rechts Trittbrettkasten mit unten angeschlagener Klappe, durch Schnappschloß mit Links- und Rechtsverriegelung und Ringgriff verschlossen. Vor dem Trittbrettkasten die Trittfläche aus Aluminium-Warzenblech. Auf beiden Seiten waren an der Unterkante des Geräteaufbaues Schiebetritte angeordnet, die eine bequeme Entnahme der Ausrüstungsteile aus den Geräteräumen ermöglichten.

Generatoreinbau

Drehstrom-Konstantspannungs-Generator mit einer

Rißzeichnung des Rüstkraftwagens RKW 10 auf Magirus-Eckhauber-Fahrgestell. Diese Abbildung zeigt die erste Ausführung für die Berufsfeuerwehr Hagen.

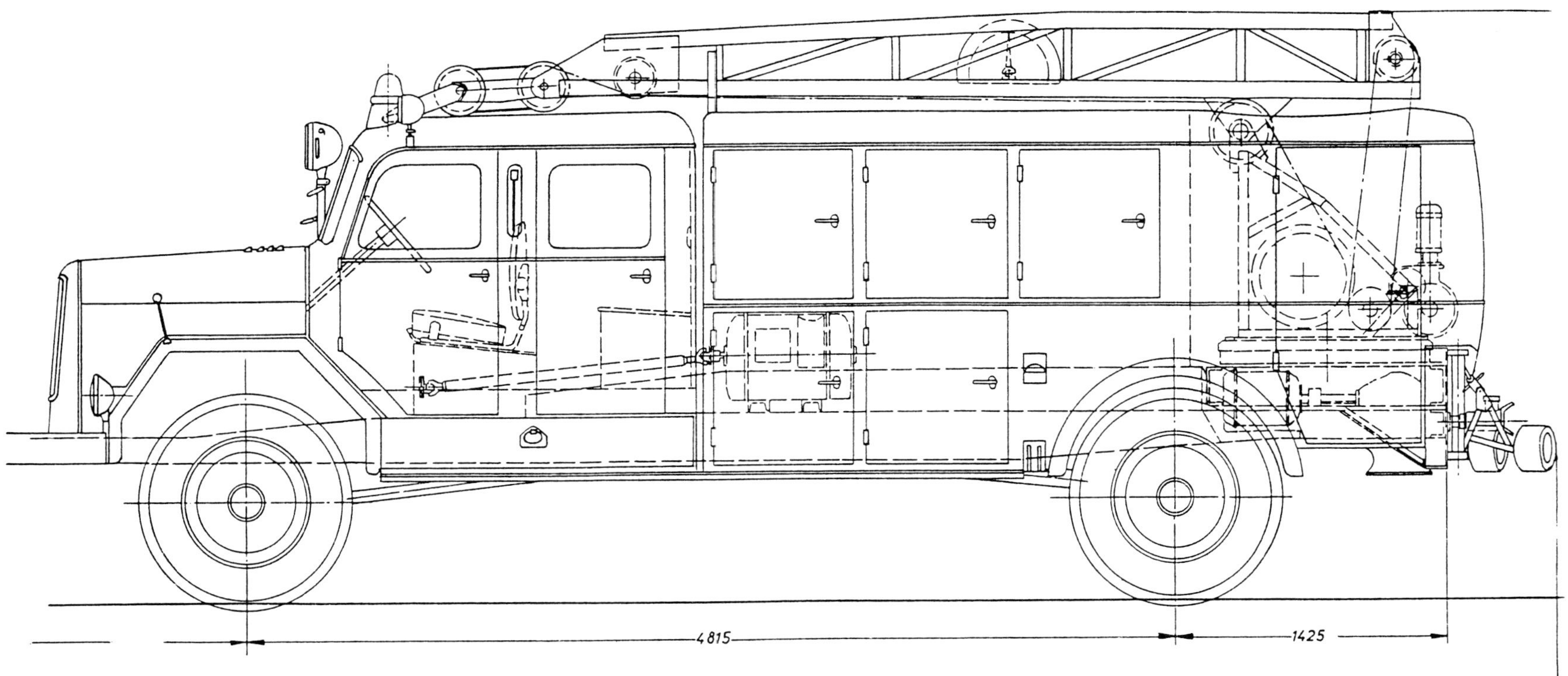

Rüstkraftwagen RKW 10 auf Magirus-Eckhauber-Fahrgestell, geliefert an die Schweizer Berufsfeuerwehr Lausanne im Jahre 1960. Auffallend ist die rot-weiße Lackierung des Wagens. Diese Aufnahme entstand 1985.

Leistung von ca. 22 kVA, im vordersten Teil des Geräteaufbaues auf dem Fahrgestellrahmen gelagert und vom Geräteraum aus zugänglich.

Betriebsspannung	380/220 Volt
Frequenz	50 Hz
Drehzahl	1500 U/min

Antrieb über eine Gelenkwelle vom Nebenantrieb des Fahrmotors aus, Zuschaltung durch Nebengetriebehebel im Fahrerhaus. An der Schalttafel im hinteren linken Geräteraum waren folgende Armaturen untergebracht:

1 Konstantspannungsgerät
1 Strommesser 0 bis 40 A
1 Spannungsmesser 0 bis 500 Volt
1 Frequenzmesser 47 bis 53 Hz
1 Schutzschalter für Generator und Netzanschluß
1 Umschalter für Generator- und Netzbetrieb
1 Sicherungsautomat für Steuerung
2 Sicherungsautomaten für Messung
1 Kraftsteckdose 25 A 3polig für Netzanschluß
1 Kraftsteckdose 25 A 3polig mit Schutzschalter
2 Kraftsteckdosen 15 A 3polig mit Schutzschalter
1 Steckdose 15 A 2polig mit Sicherungsautomat
1 Schutzschalter für E-Motor mit Hubseilwinde

Geräteaufbau mit geöffneten Türen des RKW 10 der Feuerwehr San Sebastian/ Spanien. Die Aufnahme vermittelt einen Eindruck von der umfangreichen Beladung dieses Fahrzeugs und gibt den Blick auf die Schalttafel frei.

Heckseitige Aufnahme des RKW 10 mit geöffneten Rückwandklappen. Der 10-t-Kran befindet sich in Fahrstellung.

1 Schutzschalter für E-Motor des Auslegerwindwerks
1 Schutzschalter für E-Motor des Drehgetriebes
1 Schutzschalter für Spillmotor

Von der Schalttafel aus konnte die Drehzahl des Fahrzeugmotors reguliert, die Generatoranlage überwacht und geschaltet sowie die Kran- und Spillanlage mittels einer Schwachstrom-Steueranlage (42 Volt) bedient werden. Eine blendfreie Beleuchtung der Schalttafel und des dort angeschlossenen Fernbedienungskastens ermöglichten eine sichere Bedienung auch bei Dunkelheit.

Drehkran mit elektrischem Antrieb

Das den Kranausleger tragende Drehgestell war über dem Rahmenende allseitig drehbar auf einem Kugeldrehkranz aufgebaut.

Durch kompakte Anordnung des Kranantriebs wurde erreicht, daß die Laderäume für die mitzuführenden Geräte durch die Kraneinrichtung nicht beeinträchtigt wurden. Der Ausleger wurde in Ruhestellung in Fahrtrichtung nach vorn mit hochgeschwenkter Kranflasche in einer Auslegerstütze auf dem Dach abgelegt.

Das Drehgestell enthielt die Hubseilwinde und die Aufrichtwinde für den Ausleger, deren Getriebe selbsthemmend waren. Im Drehkranunterbau war das Drehgetriebe mit Motor angeordnet.

Mannschaftsraum des RKW 10 mit an der Rückwand hochgeklappten Holzsitzbank, deren Sitzkästen zur Aufnahme verschiedener Geräte dienten.

Hier eine weitere Aufnahme des Rüstkraftwagens der Feuerwehr San Sebastian, welche die Beifahrerseite zeigt. Diese Abbildung verdeutlicht die große Bodenfreiheit, die durch den Allradantrieb bedingt war.

Die maximale Hubkraft des Kranes betrug 10 000 kg, bei viersträngiger Flaschenanordnung. Die Ausladung war ca. 1,5 m bei 4,4 m Hakenhöhe über Flur, Hubhöhe unter Flur war 30 m bei 2,5 t Tragkraft und einsträngigem Zug.
Die Schaltung der Kranmotoren erfolgte durch Druckknöpfe an der Schalttafel oder durch Fernbetätigung über ein 6 m langes Kabel. Hierdurch konnte der Maschinist mit der bewegten Last mitgehen und die Lastbewegungen besser verfolgen. Ließ der Bedienungsmann die Druckknöpfe los, so wurden die Bewegungen sofort stillgesetzt, was in kritischen Fällen von besonderem Vorteil war.

Federabstellung

Zur Ausschaltung der Federung der Hinterachse war eine Federabstellung eingebaut, die durch ein Handrad betätigt wurde. Sie war am Rahmenunterbau montiert und grundsätzlich beim Eintreffen am Einsatzort einzuschalten.

Stützausleger

Zur Aufnahme der vertikalen Kräfte beim Kranbetrieb waren am Rahmenende zwei nach hinten gerichtete, mit vollgummibereiften Laufrollen ausgestattete Stützausleger angeordnet. Sie wurden mittels Handkurbel in Arbeitsstellung gebracht und gestatteten auf fester und ebener Fahrbahn ein Fahren mit angehängter Kranlast bis zu 10 t bei entgegen der Fahrtrichtung nach rückwärts stehendem Kranausleger.
Ohne Stützausleger konnten ca. 2 t angehängte Kranlast verfahren werden.
Vor dem Verschwenken einer Last mußten zwei weitere Stützausleger an der rechten oder linken Fahrzeugseite in Arbeitsstellung gebracht werden.

Diese Stützausleger waren bei Fahrbetrieb auf dem Trittbrett bzw. im Trittbrettkasten gelagert.

Belastungsanzeiger und Überlastungsschutz

Am Kranausleger war für den Bedienungsmann gut sichtbar ein Belastungsanzeiger angebaut. Bei 10 t Anhängelast ertönte ein Klingelzeichen und bei ca. 10,5 t Last erfolgte eine automatische Abstellung durch Betätigung entsprechender elektrischer Endschalter. Hierdurch wurde eine Überlastung des Auslegers vermieden.

Des weiteren war am Ausleger ein Benutzungsfeldanzeiger angeordnet, auf dem die zulässigen Belastungen bei Auslegerstellung in und quer zur Fahrtrichtung ablesbar waren.

Spilleinrichtung

Unter dem Aufbauende war im Fahrzeugrahmen ein Spill eingebaut, das ebenfalls von einem Elektromotor angetrieben wurde. Es war für horizontalen Zug eingerichtet und für eine maximale Zugkraft von 5 t bei einsträngiger Seilanordnung ausgelegt. Die Seilgeschwindigkeit betrug ca. 3 m/min.

Vorbauseilwinde

Vor der Motorhaube war eine vom Nebenantrieb des Fahrzeugmotors angetriebene Seilwinde eingebaut, die im direkten Zug eine maximale Zugkraft von 8 t entwickelte. Die aufwickelbare Seillänge betrug ca. 60 m, die Seilstärke 16 mm und die mittlere Seilgeschwindigkeit ca. 18 m/min.

Eine Seitenabweichung des Seilzuges war beidsei-

Heckansicht des 1961 gebauten RKW 10 für San Sebastian. Der Geräteaufbau unterscheidet sich durch seine kantige Form wesentlich von der des Vormodells.

tig bis ca. 22° von der Fahrzeuglängsachse zulässig. Die Bedienung der Winde erfolgte vom Fahrerhaus aus:
Ein- und Ausschaltung durch Hebel für Seilwindenantrieb; Vor- und Rücklauf unter Last durch Hebel für Wendegetriebe des Nebenantriebs; Stillsetzen der Last und Festhalten bei Bewegungswechsel durch Fahrkupplung in Verbindung mit selbsthemmendem Windengetriebe.
Zum Abziehen des Seils von Hand konnte die Windentrommel mittels Klauenkupplung an der Winde vom Antrieb gelöst werden.

Fahrzeugausstattung

1 Arbeitsstellenscheinwerfer DIN 14644 auf ausziehbarer Rohrstütze mit Gelenkstück, Kabel und Steckdose vor der rechten Fahrerhaustür
2 Rundumkennleuchten auf dem Fahrerhausdach
1 Rückfahrscheinwerfer
1 Ladesteckdose A DIN 14690 mit Deckel und

RKW 10 der Berufsfeuerwehr Köln im Einsatz. Im Jahre 1966 wurden auf dem Zoogelände erkrankte Bäume gefällt und die in Teile zersägten dicken Stämme mit dem 10-t-Kran verladen.

Kette an der linken Seitenwand des Fahrersitzes zum Aufladen der Batterie
1 7polige Steckvorrichtung DIN 72577 am Rahmenende
2 elektrische Scheibenwischer mit gemeinsamem Motor und automatischer Ruhestellung
2 Rückblickspiegel an den Fahrerhaustüren
2 Sonnenblenden vor Fahrer- und rechtem Beifahrersitz
1 Feuerwehrsignalgerät nach DIN 14610
1 Schalter für Alarmanlage an der Armaturentafel
1 Scheibenwaschanlage mit 2 Düsen
1 Schleppvorrichtung vorn (Bolzenkupplung)
1 selbsttätige Anhängerkupplung DIN 74051 Größe 06
1 Druckluftbremsschlauch für Anhängerbremse
1 Motorbremse
1 Kontrolleuchte für eingeschalteten Generator im Fahrerraum
1 hydraulische Lenkhilfe

Verladung der dicken, schweren Stammteile auf einen von einem Unimog gezogenen Rungenwagen. Der Kölner RKW wurde 1965 – als letztes Fahrzeug dieser Gattung – ausgeliefert, aber bereits Ende der siebziger Jahre außer Dienst gestellt.

Eine weitere Abbildung des Kölner RKW 10 bei einem Einsatz nach einem schweren Verkehrsunfall auf einer Schnellstraße. Am rechten Bildrand ein LF 16 auf Magirus Rundhauber-Fahrgestell. Die Aufnahme entstand im Sommer 1967.

1 Haltegriff für Beifahrer am Armaturenbrett

Sonderausstattung gegen Mehrpreis

1 elektrische Beleuchtung der Geräteräume, automatisch schaltend beim Öffnen und Schließen der Türen
1 Suchscheinwerfer im Dach über dem Fahrersitz eingebaut mit Betätigung von innen
1 Martinshorn, geteilte Ausführung
1 UKW-Funksprechanlage, Nahentstörung nach VDE 0879, Entstörgradö NE 20

Zubehör

2 seitliche Stützausleger

Lackierung

Fahrgestell Räder (Felgen) Kotflügel Vorbauseilwinde mit Schutzrahmen Spill und Stützausleger	schwarz glänzend Farbton RAL 9005
Aufbau Motorhaube	rot glänzend Farbton RAL 3000
Laderäume innen Drehkranunterteil	grau halbmatt Farbton RAL 7003
Kranausleger	Silberbronze RAL 9006

Fahrer- und
Mannschaftsraum innen
Auf den Kotflügeln
Angabe des
Reifendruckes in atü
Aufschrift auf den Türen
des Fahrerhauses
Wappen gegen Mehrpreis

Verkleidung
in hellem Farbton
weiß glänzend
Farbton RAL 9002

Maße und Gewichte

Fahrzeuglänge max.	ca.	8500 mm
Fahrzeugbreite max.	ca.	2500 mm
Fahrzeughöhe max. (belastet)	ca.	3050 mm

Leergewicht	ca. 12300 kg
Zulässiger Hinterachsdruck	ca. 10400 kg
Zulässiger Vorderachsdruck	ca. 5300 kg
Zulässiges Gesamtgewicht	ca. 15700 kg

Nachfolgend ein vom 20. 12. 1962 datiertes **Angebot** über einen Magirus-Rüstkraftwagen RKW 10 bestehend aus:

1) Magirus-Deutz-Allrad-Fahrgestell, Bauart F Jupiter A, Radstand 4815 mm,
mit luftgekühltem 8-Zylinder-Deutz-Diesel-V-Motor 170 PS, Mehrzweckbereifung 11.00–20 verstärkt, 7fach, mit Motorbremse,

Dieses 1966 ebenfalls in Köln entstandene Bild zeigt den RKW im Kölner Straßenbahndepot bei der Aufgleisung eines entgleisten Straßenbahnwagens. Die Stützausleger mit den vollgummibereiften Laufrollen sind ausgefahren; der gewaltige Kranhaken ist bereit, mittels Drahtseilen, die am Boden vor dem Bedienungsmann bereitliegen, die zu bergende Last anzuheben.

hydraulischer Lenkhilfe, Nahentstörung nach VDE 0879, Entstörgrad NE 20,
Nebenantrieb für Generator und Vorbauseilwinde
2) kombiniertem Fahrer- und Mannschaftsraum für Staffelbesatzung (1 Führer und 5 Mann)
3) Magirus-Rüstkraftwagen-Aufbau mit Geräteräumen zur Unterbringung der feuerwehrtechnischen Ausrüstung sowie Räumen für Generator und Kraneinrichtung, links zwischen Vorderradkotflügel und Geräteaufbau Trittbrett, rechts Trittbrettkasten mit unten angeschlagener Klappe
4) technischen Einrichtungen:
Drehstrom-Konstantspannungs-Generator 22 kVA Leistung bei Betriebsspannung von 380/220 V, einschließlich Schalttafel und Überwachungsinstrumente,
Drehkran mit elektrischem Antrieb in Rohrkonstruktion für 10 t max. Zugkraft viersträngig, mit Belastungsanzeiger, Benutzungsfeldanzeiger, Warngerät und automatischem Überlastungsschutz, starre Stützausleger mit vollgummibereiften Laufrollen zum Verfahren der Last auch nach rückwärts, elektrisch angetriebene Spilleinrichtung für 5 t max. Zugkraft, einsträngig bei horizontalem Zug mit einer Seilgeschwindigkeit von 3 m/min, Überlastungsschutz bei 5,5 t ansprechend,
Vorbauseilwinde NATO-Ausführung mit einer max. Zugkraft von 8 t, mittlere Seilgeschwindigkeit 18 m/min, Seillänge 60 m, Seilstärke 16 mm
5) Fahrzeugausstattung:
1 Arbeitsstellenscheinwerfer DIN 14644 auf ausziehbarer Rohrstütze mit Gelenkstück, Kabel und Steckdose vor der rechten Fahrerhaustür; 2 Rundumkennleuchten auf dem Fahrerhausdach; 1 Rückfahrscheinwerfer; 1 Ladesteckdose A DIN 14690 mit Deckel und Kette an der linken Seitenwand des Fahrersitzes zum Aufladen der Batterie; 1 7polige Steckvorrichtung DIN 72577 am Rahmenende; 2 elektrische Scheibenwischer mit gemeinsamem Motor und automatischer Ruhestellung; 2 Rückblickspiegel an den Fahrerhaustüren; 2 Sonnenblenden vor Fahrer- und rechtem Beifahrersitz; 2 Pendelwinker kombiniert mit vorderem und hinteren Blinklicht; 1 Feuerwehrsignalgerät nach DIN 14610; 1 Schalter für Alarmanlage an der Armaturentafel; 1 Scheibenwaschlage mit 2 Düsen; 1 Schleppvorrichtung vorn (Bolzenkupplung); 1 selbsttätige Anhängerkupplung DIN 74051 Größe 06; 1 Druckluftbremsanschluß für Anhängerbremse; 1 Kontrolleuchte für eingeschalteten Generator im Fahrerraum; 1 Haltegriff für Beifahrer am Armaturenbrett; Auftrittbleche auf Kotflügeln vorne aus Alu-Warzenblech

Der Preis dieses Magirus-Rüstkraftwagens RKW 10 beträgt DM 149550.–

Sonderausstattung:

Normale Beschriftung auf beiden Fahrerraumtüren	kostenlos
Wappen auf beiden Fahrerraumtüren	nach Zeitaufwand
Elektrische Innenbeleuchtung der Laderäume, Schaltung durch Türkontakte	DM 400.–
1 Suchscheinwerfer	DM 115.–
1 Tachograf	DM 240.–
1 UKW-Funksprechanlage, Fabrikat nach Wahl	Preis auf Anfrage

Feuerwehrtechnische Ausrüstung für RKW 10 nach Ersatzteil-Preisliste P 6084-00-01.01.

Sämtliche Preise verstehen sich ab Werk Ulm. Die Preise sind freibleibend; es kommen die am Tage der Lieferung gültigen Preise in Anrechnung.

Die Kosten für die amtliche TÜV-Abnahme und für den Kfz-Brief werden gesondert in Rechnung gestellt.

Lieferzeit:

ca. 10 bis 12 Monate nach Auftragseingang und

Klärung aller technischen und kaufmännischen Einzelheiten, nach Möglichkeit früher. Zwischenverkauf vorbehalten.

Die Bezahlung erbitten wir unmittelbar nach Lieferung ohne jeden Abzug.

Unserem Angebot sind unsere »Verkaufs- und Lieferungsbedingungen für Feuerwehrgeräte und -Fahrzeuge etc.« zugrunde gelegt, die mit dem Kaufabschluß anerkannt werden; Eigentumsübernahme erfolgt mit Rechnungsausgleich.

Hochachtungsvoll
Klöckner-Humboldt-Deutz AG.
Werk Ulm

Ersatzteil-Preisliste
für Magirus Rüstkraftwagen RKW 10

Stück	Gegenstand	Gesamtpreis (DM)
	1. Schutzkleidung:	
2	P. Dreifingerhandschuhe (Leder)	18.20
2	P. Gummihandschuhe	26.—
2	P. Gummihandschuhe, langschäftig	117.—
2	Wathose	400.—
2	Gummijacke	108.—
2	P. Asbesthandschuhe 430 mm lang	22.—
2	Hitzeschutzdecke 1×1 m (Löschdecke Asbest)	36.—
	2. Beleuchtungsgerät:	
1	Segeltuchbeutel mit 6 Wachsfackeln 2 Fackelstöcken DIN 14403 2 Schachteln Sturmstreichhölzer	12.10
3	Signaltaschenlampe, dreifarbig	30.90
4	Handscheinwerfer mit Batterie, Blinkeinrichtung und aufsetzbarer Gelblichtkalotte	441.20
4	Sicherungsleuchte tragbar für rotes Dauerlicht (Sturmlaterne rot)	40.—
1	Handleuchte explosionsgeschützt	70.—
1	Tornisterbatteriegerät 12 V mit Scheinwerfer 50 W 200 ∅ und Stativ A DIN 14683	504.—
1	Scheinwerfer 330 ∅ (500 W, 220 V) mit verstellbarem Fokus, 5 m Kabel und Stecker 2×15 A Schuko W	334.—
2	Flutlichtscheinwerfer (500 W, 220 V) mit 5 m Kabel und Stecker 2×15 A Schuko W	694.—
3	Scheinwerferstativ A DIN 14683	240.—
1	Verteilerkasten mit 1 Zugang 3×25 (40) A 2 Abgänge 3×15 (25) A mit Motorschutzschalter 3 Abgänge 2×15 A Schuko Wm. Sicherungsautomat	480.—
1	Anschlußkabel für Verteilerkasten 4 m NSHu 5×4	54.—
2	Kabeltrommel 3polig + O + E mit 45 m Kabel NSHu 5×4 Stecker und Steckdose 3×25 (40) A + O	980.—
1	Kabeltrommel 3polig mit 30 + 10 m Kabel NSH 4×2,5 Stecker und Steckdose 3×15 (25) A + O	250.—
2	Kabeltrommel 2polig mit 35 + 10 m Kabel NSH 3×2,5 Stecker und Steckdose 2×15 A Schuko W	510.—
2	Reserveglühlampe für Scheinwerfer 500 W	80.—
1	Kabeltrommel mit 50 m Erdungsseil 10 mm²	120.—
1	Erdungsanschluß für Unterflurhydrant (altes Standrohr, vom Kunden zu beschaffen)	—.—
	3. Sanitätsgerät:	
1	Sanitätskasten groß GS DIN 14143	265.—
1	Einheitskrankentrage A DIN 13 24	112.—
1	Wolldecke 1400×1900 mm	25.20

4. Löschgerät:

1	Handfeuerlöscher Trocken P 12 DIN 14406 (Kohlensäuretrockenlöscher) mit Lkw-Aufhänger	155.50

5. Steiggerät:

1	Klappleiter DIN 14175	108.—
2	Steckstrickleiter 6 m	1000.—

6. Räumgerät:

1	Abschleppstange 2,0 m	106.—
1	Einreißhaken schwer, 2teilig B DIN 14852	95.50
1	Unterlegrollen (Stahlwalze) 80 × 56 × 1000	118.—
1	Kantenreiter	315.—
2	Mulde DIN 14060	32.—
1	Feuerwehraxt DIN 14460	16.50
1	Brechstange flach 700 mm	8.90
1	Bolzenschneider 16 mm	112.50
2	Klapphacke	39.60
2	Sandschaufel mit Stiel s DIN 20120	13.—
2	Spaten 800 CS DIN 20127	30.—
2	Kreuzhacke mit Stiel 3,0 DIN 20109	19.—
2	Steingabel 9×250/260 mit Stiel DIN 20130	37.20

7. Seilgerät:

4	Fangleine 20 m spiralgeflochten in Tragbeutel	66.—
	mit Gurthaken und Tragleine 85 cm	54.40
4	Bindestrang 2 m, 8 mm ∅	3.—
1	Abschleppseil 5 m, 16 mm ∅ mit Warntuch	32.—
2	Drahtseilschlingen 16 mm ∅ endlos, 2,5 m	41.—
2	Drahtseil 16 mm ∅, 5 m Enden abgebunden	40.—
2	Drahtseil 16 mm ∅, 10 m Enden abgebunden	70.80
1	Drahtseil 16 mm ∅, 20 m Enden abgebunden	66.—
1	Spillseil 50 m B 15 × 160 verzinkt, ein Ende mit Kausche, ein Ende abgebunden	165.—
1	Hanfseil 10 m DIN 83305	39.90
2	Hanfseil 20 m DIN 83305	157.80
4	Drahtseilklemme 16 mm ∅ 16 DIN 741	4.40
4	Kauschen 16 mm ∅	18.—
4	Schäkel DIN 82101 A 2	16.80
4	Schäkel DIN 82101 A 3	35.20
2	Schäkel DIN 82101 A 6	44.—
1	Erdanker mit Lasthaken 5 t	95.50
6	Einschlagbolzen 750 mm	129.—
2	Schienenklaue	176.—
1	Umlenkrolle für Spill und Seilwinde (Drahtseilblock) 10 t Tragkraft am Haken	492.—

8. Hebegerät:

2	Hebebaum 3 m	200.—
2	Hydraulische Winde 10 t 350 mm Hub, mit verstellbarer Anhebeklaue	1390.—
2	Hydraulischer Heber 25 t 260 mm Hub, Bauhöhe 260 mm	550.—
1	Greifzug 3 t mit 30 m Seil, 16 mm ∅, mit Umlenkrolle 5 t Tragkraft am Haken	1360.—
1	Tierhebegerät, bestehend aus 1 Doppel-Bauchgurt, verstellbar 1 Waagscheit 2 Durchzugnadel 4 Fußgelenkfessel 1 Hanfseil 12 ∅ × 5 m, ein Ende mit Leder armiert	300.—
1	Flaschenzug 1,5 t, 3 m Hub	375.—

9. Rüstgerät:

2	Stütze 2 t, verstellbar von 1,80 bis 3,00 m	108.—
2	Stütze 2 t, verstellbar von 0,60 bis 0,95 mm	56.—

10. Motorgerät:

1	Elektro-Rauchabsauger MWM 250	3530.—

	Leistung 3000 m³/h bei 50 mm WS Förderh. mit Drehstrommotor 1,5 kW 380 × 50 Hz mit 20 m Kabel und Stecker 3 × 15 (25) A + O	
	1 Druckleitung 250 ∅ 20 m (Batistschlauch)	
	2 Saugleitung 250 ∅ 7,5 m flexibel	
1	Elektro-Trennschleifer mit 2 Trennscheiben, mit Allstrommotor 220 V, 10 m Kabel und Stecker 2 × 15 A Schuko W	439.30
1	Elektro-Kettensäge 600 mm Einmann mit Drehstrommotor 3 PS, 380 V 10 m Kabel und Stecker 3 × 15 (25) A + O	955.—
1	Elektro-Handkreissäge BD 145 Schnittiefe 145 mm mit Drehstrommotor 3,3, P 380 V, mit 5 m Kabel und Stecker 3 × 15 (25) A + O	870.—
1	Motor-Kettensäge 600 mm Einmann mit Zweitakt-Benzin-Motor 5,5 PS und lageunabhängigem Vergaser	940.—
1	Elektro-Handbohrmaschine bis 45 mm ∅ mit Drehstrommotor 1,9 kW, 380 V, 10 m Kabel und Stecker 3 × 15 (25) A + O	985.—
1	Satz Bohrer, bestehend aus 3 Spiralbohrer Stahl 20/32/45 mm 3 Schlangenbohrer Holz 30/40/50 mm 1 Morsehülse mit Austreiber 1 Dreibackenbohrfutter 6 bis 20 mm	479.40
1	Elektro-Stichsäge für Röhren bis 150 mm ∅ mit Universalmotor 450 W 220 V, 5 m Kabel und Stecker 2 × 15 A, Schuko W, mit 2 Sägeblättern und Rohrspannvorrichtung	650.—

11. Werkzeug:

1	Werkzeugkasten mit Inhalt DIN 14 401	275.—
1	Satz Gabelschlüssel 8 bis 32 mm (beim Fahrgestellzubehör)	—.—
1	Starkstrom-Werkzeugkasten mit Inhalt	320.—
1	Vorschlaghammer mit Stiel	17.50
2	Schlosserhämmer mit Stiel	4.80
2	Holzaxt mit Stiel	25.80
1	Handbeil mit Stiel	7.30
1	Zugsäge	11.50
2	Spaltkeil (Stahl) 300 mm	17.40
1	Kuhfuß	3.75
1	Brennschneidgerät tragbar ATN 7 mit 15 m Schlauch	1318.—
2	Ersatz-Sauerstoff-Flasche 5 l	200.—
1	Ersatz-Acetylenflasche 5 l	134.—
1	Glieder-Maßstab 2 m, Leichtmetall	5.10

12. Hilfsgerät:

2	Abdeckplanen 2 × 2 m, mit Ösen	110.—
1	Bindedraht 1 mm ∅, 10 m Rolle DIN 177	—.30
6	Bauklammer (Zieh-)	8.40
6	Bauklammer (Verbund-)	7.50
2	Schachthaken	4.—
1	Segeltucheimer 10 l mit Ausguß	14.—
4	Unterlegkeil (Radhemmschuh)	120.—

13. Zubehör:

1	Reservekraftstoffbehälter 20 l für Kettensäge	23.—
1	1-Liter-Ölflasche DIN 6420	2.35
1	Ausgußstutzen für Kanister	8.80
1	Warnschildgarnitur, bestehend aus 2 lichtreflektierenden Schildern mit Ständer in Tasche	24.—
2	Warnflaggen weiß-rot-weiß	4.40
	in Segeltuchtasche	4.50

Gesamtpreis der feuerwehrtechnischen Ausrüstung DM 25 782.20

Die Entwicklung von Feuerwehr-Kranfahrzeugen in der Nachkriegszeit

Die zunehmende Zahl von Hilfeleistungen durch die Feuerwehr machte nach dem Krieg die Beschaffung leistungsfähiger Kranfahrzeuge erforderlich. Besonders die Beseitigung von Verkehrshindernissen erforderten neben den bisher gebräuchlichen Rüstkraftwagen spezielle Kranfahrzeuge mit größerer Leistungsfähigkeit.

Man behalf sich in den ersten Nachkriegsjahren notgedrungen mit von den Besatzungsmächten ausgesonderten Kranfahrzeugen oder aber mit Umbauten.

Das wohl erste nach Kriegsende von Magirus erstellte Fahrzeug dieser Art war ein 1949 an die Berufsfeuerwehr Augsburg gelieferter Kranwagen.

Hier der 1949 an die Berufsfeuerwehr Augsburg gelieferte Kranwagen auf Magirus S 4500 Fahrgestell.

Rückwärtige Ansicht des von der Augsburger Feuerwehr beschafften Kranwagens.

Er entstand auf dem 4,5-t-Fahrgestell des Magirus S 4500, welches vorher vermutlich eine Große Drehleiter (DL 32) getragen hatte. Der Chefkonstrukteur von Magirus, Oberingenieur Oskar Herterich, ließ von dem vorhandenen Fahrgestell zunächst alle Aufbauten entfernen und montierte einen Leiterstuhl einer DL 26 (mit Getriebe K 26) zusammen mit einem kräftigen Kranausleger auf das Fahrzeug. Zur Lagerung des Kranauslegers während der Fahrt war an der Rückwand der Fahrerkabine eine nach hinten offene Holzwand vorhanden, an welche sich eine niederklappbare Ladebordwand, ebenfalls nach hinten offen und in etwa 2/3 Länge des Aufbaus, anschloß. Darunter befanden sich beidseitig, also zwischen der Fahrerkabinenrückwand und den Hinterrädern, einige Gerätefächer. Ein heckseitiges Spill war ebenfalls vorhanden. Der so entstandene Kran war – wie eine Drehleiter – um 360° drehbar. Die maximale Hubleistung der Krananlage betrug 3,6 t; mit Abstützung durch ein Stahlrohrgestell konnten sogar 5,2 t angehoben werden.

Weitere Daten zu diesem Kranwagen, der für drei Mann Besatzung ausgelegt war und sicherlich – als Behelf – in der Nachkriegszeit gute Dienste leistete, sind leider nicht bekannt. Ebenso unbekannt ist das Datum der Außerdienststellung.

Magirus-Kranwagen KW 15, geliefert am 14. 02. 1958 an die Berufsfeuerwehr Mainz. Er war – nach der Lieferung nach Stuttgart – das zweite Fahrzeug dieser Art, das gebaut wurde.

Magirus-Kranwagen KW 15 und KW 16

Natürlich war mit solcherlei Fahrzeugen auf Dauer den ständig steigenden Anforderungen nicht zu entsprechen. Diese waren nur durch einen Krankraftwagen zu erfüllen, der ausschließlich für diesen Zweck und aus den umfangreichen Erfahrungen der Feuerwehren bei Einsätzen heraus entwickelt worden war. Die Zielvorstellungen versuchte Magirus bei der Entwicklung des neuen Kranwagens durch Umfragen und Besprechungen mit Vertretern vieler Berufsfeuerwehren, insbesondere der Berufsfeuerwehr Stuttgart, denen umfangreiche Einsatzerfahrungen zugrunde lagen, genau zu ermitteln und festzulegen.
Alle Erfahrungen an Unfalleinsatzstellen zeigten ein-

Schräg-seitliche Heckansicht des Mainzer KW 15. Diese Aufnahme läßt den übersichtlichen und robusten Aufbau dieser Konstruktion erkennen.

deutig, daß ein Feuerwehr-Krankraftwagen nie einen zu starken Motor besitzen konnte. Fahrgestelle mit Motoren unter 170 PS, das war die Motorleistung des Magirus-Rüstkraftwagens, schieden von vornherein aus. Aus diesem Grunde wurde für den neuen Kranwagen ein luftgekühltes Zwölfzylinder-Dieselaggregat mit 250 PS Leistung ausgewählt.
Da der Kranwagen auch abseits von Straßen und befestigten Wegen in zum Teil recht unwegsamem Gelände zum Einsatz vorgesehen war, legte man besonderen Wert auf gute Geländegängigkeit des Fahrgestells.
Das robuste, dreiachsige, allradgetriebene Fahrgestell »Uranus« von Magirus-Deutz mit großer Rahmensteifigkeit mit Geländegang und einer Bodenfreiheit von 40 cm sowie mit einem Böschungswinkel vorn von 35° und hinten von 20° und der ungewöhnlich hohen Steigfähigkeit von 100 Prozent erfüllte mit seiner auch in schwerstem Gelände überragenden Geländegängigkeit in idealer Weise alle Forderungen.
Das Fahrgetriebe war so ausgelegt, daß eine unbedingt erforderliche Höchstgeschwindigkeit von etwa 70 km/h erreicht werden konnte, denn geringere Geschwindigkeiten waren – besonders wenn der Kranwagen größere Entferungen zur Unfallstelle zurückzulegen hatte – einfach nicht ausreichend. Da oftmals Menschenleben auf dem Spiele standen, war es ungeheuer wichtig, daß das Kranfahrzeug den Unfallort in kürzester Zeit erreichen konnte.
Mit dem Fahrmotor konnte jeweils nur das Fahrgetriebe, die Krananlage oder das Spill angetrieben werden. Da ein Fahren und ein gleichzeitiges Arbeiten der Krananlage bzw. des Spills in der Praxis nicht erforderlich war, wurde auf die gleichzeitige Benutzungsmöglichkeit von Fahrgetriebe, Krananlage und Spill verzichtet.
Die Breite des KW 15 betrug 2,50 m. Die geringe Längenabmessung von 8 m und der damit verbundene kleine Wendekreisdurchmesser von 19 m bewährten sich durch die leichte Beweglichkeit auf Unfallstellen immer wieder. Durch die sehr geringe Höhe des KW 15 von 3,10 m konnte das Durchfahren ungewöhnlich niedriger Druchlässe und niedriger Straßenbahnoberleitungen ermöglicht werden. Die wichtige Forderung, daß ein Kranwagen unter der üblichen Höhe der Straßenbahnoberleitung von 4,20 m ungefährdet Lasten heben konnte, war durch eine niedrigste Arbeitshöhe von 3,55 m sehr gut eingehalten worden. Bei den Dienstgewicht von 20 t erleichterte die eingebaute Hydro-Hilfesteuerung die Lenkung des Kranwagens – besonders im Gelände – in vorteilhafter Weise.
Zum Herausziehen bzw. Herausschieben der verunglückten Lkw besaß der Kranwagen hinten bzw. vorn eine Anhänge- bzw. Rangierkupplung, dazu vorne zusätzlich noch zwei Abschleppösen. Um das unfallfreie Abschleppen von schweren Anhängern auf längeren, besonders abschüssigen Straßen bzw. bei Nacht zu erleichtern, waren am Heck des KW 15 für den Anschluß der Anhänger ein Druckluftanschluß und eine elektrische Steckdose angebracht. Häufig war es bei der Beseitigung von Verkehrsunfällen erforderlich, sehr schwere Lasten zum Räumen der Straße auf kurze Strecken zu verfahren. Nachdem sich schon bei den neueren Rüstkraftwagen am Heck der Fahrzeuge angebrachte Stützrollen sehr bewährt hatten, besaß der KW 15 zwei mit Spindeln niederschraubbare, vollgummibereifte Doppelstützrollen, bei deren Benützung je nach Beschaffenheit der Straßenoberfläche bis zu 15 t bei einem in Fahrzeuglängsachse nach hinten gerichteten Ausleger befördert werden konnten. Bei Verfahren von Lasten unter 5 t war eine Entlastung der Hinterachse nicht mehr erforderlich.
Das Fahrerhaus war heizbar und bot drei Personen Platz. Da der Kranwagen bei Unfällen und Hilfeleistungen nur in Verbindung mit anderen Fahrzeugen eingesetzt werden sollte, genügten drei Mann Besatzung.

Kranwagen KW 15, der am 06. 03. 1959 von der Berufsfeuerwehr Berlin in Dienst gestellt wurde.

Bei häufigerem selbständigem Einsatz des Kranwagens über weitere Strecken mußte Platz für fünf Personen vorgesehen werden. Da in die den Kranwagen zumeist begleitenden Rüstwagen Generatoren für Kraft- und Lichterzeugung eingebaut waren, konnte auf diese Ausrüstung beim KW 15 verzichtet werden. Über dem Fahrgestell waren auf einem begehbaren Podium das Reserverad und in drei geräumigen Kästen nur folgende für den eigentlichen Kran- und Spillbetrieb erforderliche Geräte untergebracht:

- Funkgerät
- 2 Zurrketten zum Blockieren der Hinterräder
- Absperrvorrichtung für Vorderachsen
- 2 gummierte Lastenhebebänder 6 m lang für 5 t Tragkraft
- Drahtseile mit 16 mm Durchmesser, 10 m lang
- Drahtseile mit 16 mm Durchmesser, 5, 3, 2 und 1 m lang
- 10 Seilklammern (Schäkel)
- 2 Kantenrollen
- 2 Umlenkrollen für Hakenflasche
- 2 Hakenflaschen
- Ketten verschiedener Stärke und Länge
- Je 1 Abschleppstange 1 bzw. 2 m lang
- 1 Waagescheit
- 4 Radkeile

Dazu zählten auch Handfeuerlöscher, Handscheinwerfer, kleine Sanitätskästen, Hammer, Brecheisen, Spaten, Schaufeln, Pickel, Schneeketten und andere Werkzeuge.
Für den Antrieb der erforderlichen mindestens sechs Bewegungen eines Kranwagens (Heben, Senken, Drehen links und rechts des Auslegers sowie Heben und Senken der Last) konnten sowohl mechanische, elektrische oder hydraulische Antriebsarten gewählt werden.
Bei dem mechanischen Antrieb wurde die Kraft des Motors über Getriebe, ähnlich wie bei den üblichen Drehleitern, übertragen. Für eine Betätigung durch elektrische Kraft wurde durch einen Generator der Strom für die elektrischen Motoren der verschiedenen Bewegungsvorrichtungen erzeugt.
Zu diesen bekannten üblichen Kraftübertragungen trat die Verwendung der Ölhydraulik. Bei der ölhydraulischen Antriebsart wurde das durch eine Hochdruckpumpe geförderte Öl zur Betätigung der verschiedenen Bewegungen benutzt. Bei Verwendung der Ölhydraulik war es möglich, durch das verhältnismäßig einfache und übersichtliche Auslegen von nur zwei zusätzlichen Ölleitungen weitere Antriebe (z.B. Hilfsausleger und Abschleppgalgen) anzuschließen.
Da bei Bergungsarbeiten unter Umständen ein ganz langsames, behutsames Anziehen der Hebe- oder Zugvorrichtungen erforderlich war, um etwa einem eingeklemmten Menschen nicht weitere Schäden zuzufügen, konnte eine solche Millimeterarbeit nach den vorliegenden Erfahrungen am sichersten mit dem ölhydraulischen Antrieb gesteuert werden. Da außerdem die gesamte ölhydraulische Anlage sehr übersichtlich gestaltet werden konnte, so daß neben einer ungewöhnlich feinfühligen und stufenlosen Regelmöglichkeit der Bewegungsgeschwindigkeiten, eine sichere Bedienung, eine unbedingte Betriebssicherheit und eine leichte Wartung gewährleistet war, erschienen die Vorzüge einer

Kranwagen KW 16, der von der Berufsfeuerwehr Düsseldorf am 02. 10. 1964 in Dienst gestellt wurde auf dem Hof der Hauptfeuerwache Hüttenstraße während einer Übung. Der Hilfsausleger des Kranes ist ausgefahren.

ölhydraulischen Anlage gegenüber anderer Antriebsarten sehr bemerkenswert.

Arbeitsweise einer ölhydraulischen Anlage

Ohne den Rahmen dieser Abhandlung zu sehr auszuweiten, sollen einige generelle Ausführungen über die mit Ölhydraulik betätigten Antriebe gemacht werden, damit bei der Beschreibung der Arbeitsweise der Anlage des KW 15 nur noch auf spezielle Probleme eingegangen zu werden braucht. Ölhydraulische Antriebe haben sich besonders bewährt beim Bau aller hochbeanspruchten Getriebe, wie sie gerade auch beim Kran- und Spillbetrieb benutzt wurden. Gerade bei den Antriebsorganen eines Kranwagens war aber eine stufenlose, d.h. ohne störendes Schalten von Zahnradgetrieben, Kupplungen und dergleichen, und damit absolut gleichmäßige Veränderung geradliniger wie auch drehender Arbeitsbewegungen nicht nur außerordentlich erwünscht, sondern unbedingt geboten.

Die Ölhochdruckpumpe war in den Ölbehälter direkt eingebaut und wurde im allgemeinen über den Nebenantrieb des Fahrmotors angetrieben. Durch Änderung der Drehzahl des Motors konnte die Ölfördermenge geregelt werden. Aus der nebenstehenden Abbildung sind die Einzelheiten der Pumpe ersichtlich. Die Triebwelle (1) war mit dem Fahrzeugmotor durch eine elastische, axial- und radialbewegliche Kupplung verbunden. Als Pumpe wurde eine Axialkolbenpumpe verwendet, die nach dem Verdrängungsprinzip arbeitete. Durch die Triebwelle wurde ein Zylinderblock (3) mit den in ihm eingelagerten sieben Kolben (2) in Drehung versetzt. Das Gehäuse (5), das um eine zur Antriebsachse senkrecht stehende Drehachse (AB) bewegt werden konnte, nahm mit dem eingebauten Steuerkonus (4) an der Drehbewegung nicht teil. Beim Drehen des Zylinderblockes wurden die Kolben durch den Steuerkonus in Bewegung gesetzt. Die Steuerung der Ölpumpe konnte durch Schwenken des Gehäuses bewirkt werden, wodurch die Fördermenge geregelt wurde.

Die Kraftübertragung von der Ölhochdruckpumpe zu den Antriebsorganen erfolgte durch Ölleitungen, die die in der Pumpe erzeugte Druckenergie weiterleiteten. Die Wiederumwandlung in mechanische Energie erfolgte entweder in einem Hubkolbentrieb (Auf- und Ablegen des Auslegers, Ausschieben des Hilfsauslegers, Heben und Senken der Lasten am Abschleppgalgen) oder durch einen Ölmotor (Drehen des Auslegers, Heben und Senken der Lasten am Ausleger, Betätigung des Spills in beiden

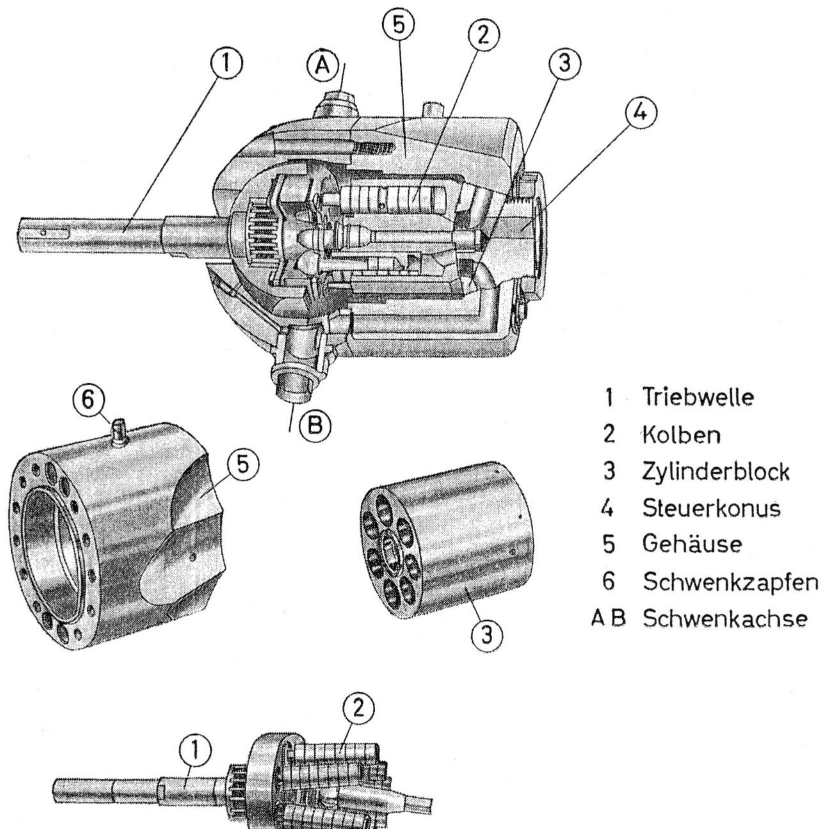

Schnitt und Einzelteile einer Ölhochdruckpumpe.

Umdrehungsrichtungen). Im Prinzip hatte der Ölmotor den gleichen konstruktiven Aufbau wie die Ölpumpe. Während in der Ölpumpe die Drehbewegung der Antriebswelle in Öldruck umgesetzt wurde, wurde dieser Druck im Ölmotor nun wieder in freie Bewegung zurückverwandelt. Die Bewegungsgeschwindigkeiten für die Ölmotoren wurden durch eine Mengenregelung des Ölflusses stufenlos geändert, wobei die Möglichkeit des Anfahrens unter Last gegeben war. Die Durchflußregelung der Ölmenge erfolgte durch die am Schaltpult angeordneten Steuerschieber sehr feinfühlig. Durch diese Steuerschieber ließ sich sowohl der Vor- als auch Rückwärtslauf der Motoren schalten. Auf diese Art

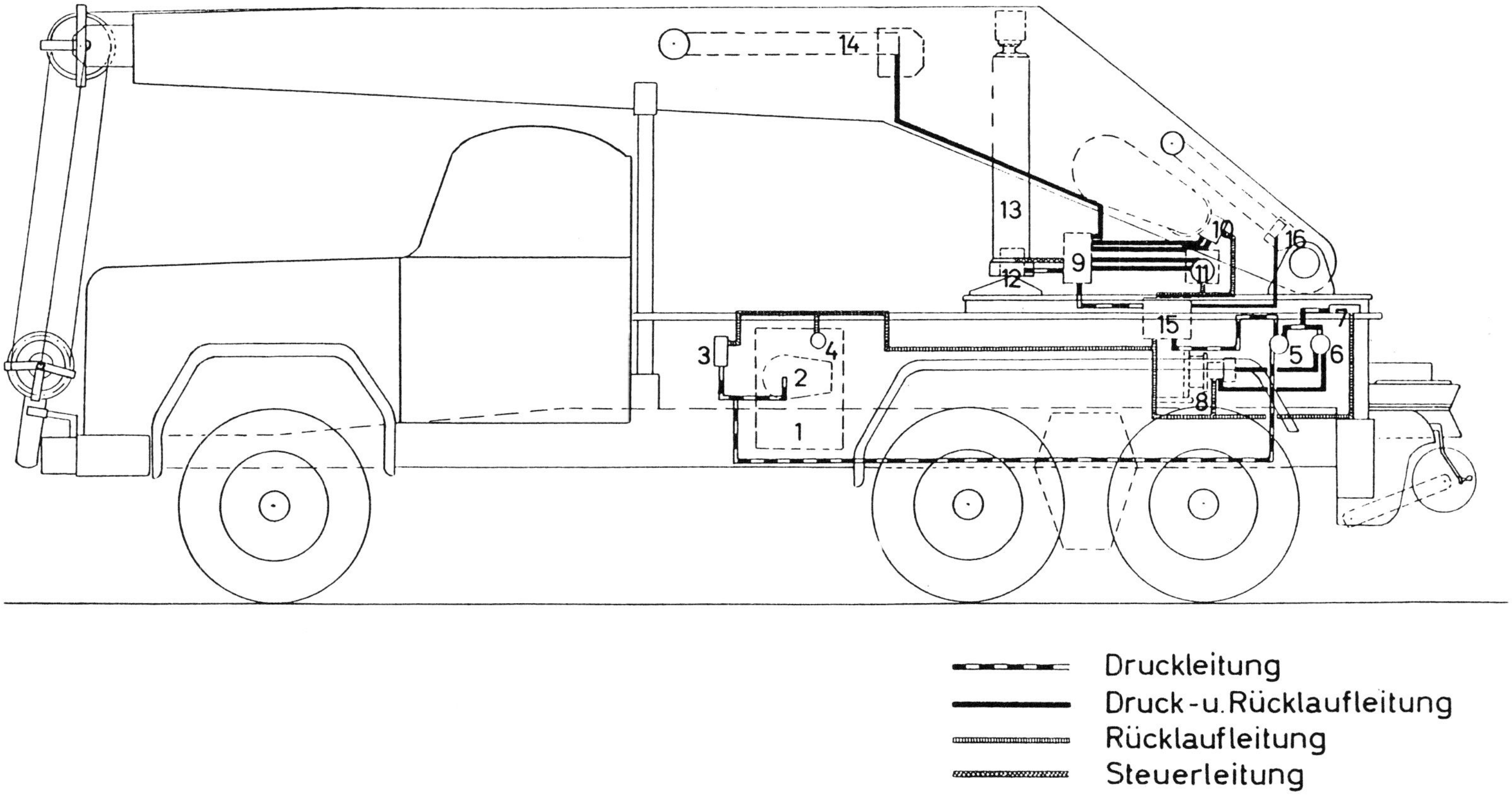

Schaltplan des Kranwagens KW 15.

1 Ölbehälter
2 Ölpumpe
3 Überdruckventil
4 Ölfilter
5 Dreiwegehahn (Kran-Spillbetrieb)
6 Argushahn (Aufspulen-Abspulen)
7 Überdruckventil
8 Ölmotor für Seilwinde
9 Steuerventile
10 Ölmotor für Kranwinde
11 Ölmotor für Drehen des Auslegers
12 Sperrblock
13 Aufrichtpressen des Auslegers
14 Auszugpresse des Hilfsauslegers
15 Öldurchführung
16 Aufzugpresse des Abschleppgalger

und Weise war eine ideale Möglichkeit gegeben, durch einen einzigen Hebel die Bewegungsrichtung als auch die Arbeitsgeschwindigkeit stufenlos von Null auf die größtmögliche Geschwindigkeit zu regeln. Eine Beeinflussung der Arbeitsgeschwindigkeit war zusätzlich dadurch gegeben, daß vom Bedienungsstand aus auch die Drehzahl des Fahrmotors beeinflußt werden konnte, wodurch die Fördermenge des Öls verändert wurde. Diese wünschenswert einfache und übersichtliche Schalt- und Regelmöglichkeit, die an Einfachheit, Sicherheit und Genauigkeit kaum auf andere Art und Weise erreicht werden konnte, begründet die Vorzüge des ölhydraulischen Antriebes der Kran- und Spillbewegungen beim KW 15.

Hydraulik-Anlage des KW 15

Alle Bewegungen von Kran und Spill wurden am KW 15 auf die angeführte Art durch die vollhydraulisch arbeitende Ölhydraulik-Anlage gesteuert und angetrieben, deren Schaltplan in nebenstehendem Bild dargestellt ist. Die Ölhochdruckpumpe, die im Mittel mit einem Arbeitsdruck von etwa 120 atü arbeitete, wurde in den 85 l fassenden Ölbehälter eingebaut. Die Pumpe wurde über den Nebenantrieb des Fahrzeugmotors angetrieben. Ihre Förderleistung wurde stufenlos durch Drehzahländerung des Motors durch Fußgashebel am Bedienungsstand geregelt. Die Öldruckleitung führte über ein Überdruckventil zu einem Dreiwegehahn, der die Weiterleitung des Drucköls entweder zur Spillbetätigung oder zu den verschiedenen Auslegerantrieben freigab.
Die Drucköleitung zum Ölmotor der Spillseilwinde führt über ein Überdruckventil durch den Vierwegehahn, durch den die Umsteuerung der Fließrichtung des Öls für den Rechts- bzw. Linkslauf der Winde erfolgte.
Die Öldruckleitung für die Auslegerantriebe führte vom Dreiwegehahn über eine im Drehmittelpunkt des Auslegers befindliche Führung zu den Steuerventilen auf dem Schaltpult. Von hier aus wurden die Hubkolbentriebe der Aufrichtpressen, der Auszugspresse des Hilfsauslegers sowie der Aufzugspresse des Hilfsauslegers sowie der Aufzugspresse des Abschleppgalgens betätigt und die Ölmotoren für das Heben und Senken der Last sowie für das Drehen des Auslegers gesteuert.
Für die Rückführung des Drucköles mündeten alle Leitungen in eine gemeinsame Ölrücklaufleitung ein, die über den Ölfilter mit Magnetfilter zum Ölbehälter führte. Um größte Betriebssicherheit zu gewährleisten, wurden soweit wie möglich alle Ölleitungen starr ausgelegt.
Nur an den beweglichen Stellen waren zur Überbrückung Hochdruckschläuche zwischengeschaltet. In die Öldruckleitung der Aufrichtpressen eingebaute Sperrblöcke verhinderten bei Ausfall des Öldrucks durch Leitungsbruch oder durch andere unvorhergesehene Umstände jede unerwartete Bewegung des Auslegers. War durch irgendeine Störung der Öldruck ausgefallen, so gestatteten sinnreiche Einrichtungen das Drehen und Ablegen des Auslegers in die Fahrstellung.
Die verschiedenen Bewegungen aller Antriebsorgane des Auslegers konnten wahlweise nacheinander oder gleichzeitig ausgeführt werden.

Arbeitsweise der Krananlage

Erfahrungen bei Einsätzen von Kranwagen ließen allgemein den Wunsch nach immer größeren Hubkräften laut werden. Das Eingehen auf diesen an und für sich wohl verständlichen Wunsch hätte aber bei immer größer zu bemessender Hubkraft ein ebenfalls höheres Fahrzeuggewicht (Brückenbelastung) mit schlechterem Geländeeinsatz und geringerer Höchtgeschwindigkeit (Anrückzeit) erfordert und zu unverhältnismäßig hohen Anschaffungskosten geführt. Bei Abwägung dieser Gesichtspunkte wurde eine Hubkraft von 15 t bei den größer werdenden Eigengewichten der Lastkraftwagen für

Belastungsdiagramm
KW 15.

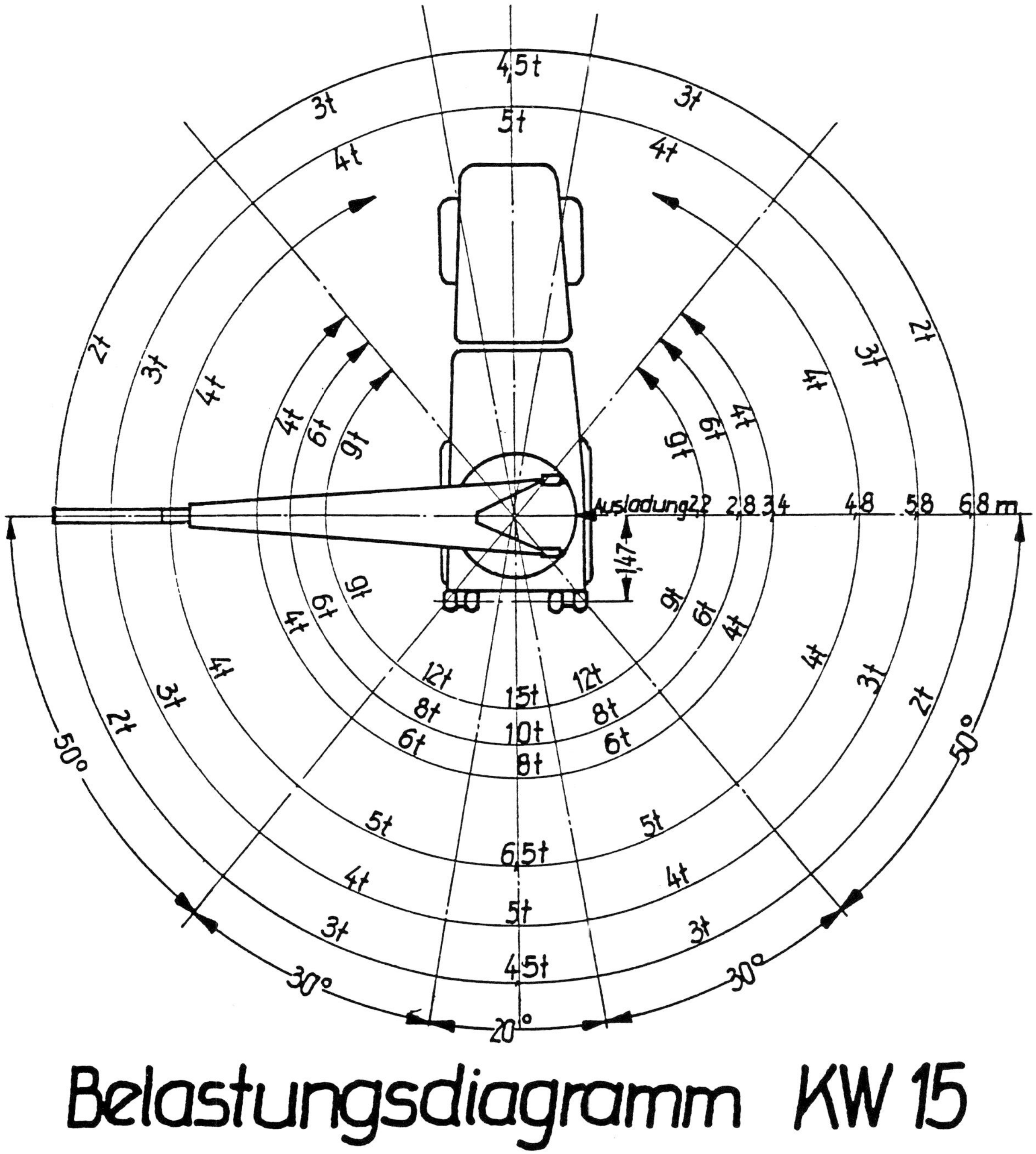

Bedienstand des Düsseldorfer Kranwagens.

unbedingt erforderlich, aber auch für ausreichend gehalten.

Die Höchsttragfähigkeit des KW 15 betrug 15 t bei Stellung des Auslegers nach hinten und bei 2,20 m Ausladung, die von Außenkante Drehkranz gemessen wurde, da sich die Außenkante Kraftfahrzeug beim Drehen des Kranes erheblich verändert. Der KW 15 besaß ein großes Arbeitsfeld, damit auch Lasten mit großen Abmessungen mühelos gehoben und auch geschwenkt werden konnten. Aus dem Belastungsdiagramm sind die Höchstbelastungen in den verschiedenen Drehbereichen und bei den möglichen Ausladungen ersichtlich.

Folgende Bewegungszeiten des Auslegers konnten erreicht werden:

Drehung um 360°	20 Sekunden
Aufrichten von 0–42°	30 Sekunden
Ablegen ohne Last von 42–0°	1 Minute 40 Sekunden

Das Heben und Senken der Last konnte mit einer Geschwindigkeit von 4 m/min erfolgen.

Der Ausleger war auf einem Drehkranz aufgebaut, auf dem er in zwei drehbaren Zapfen gelagert war. Sämtliche Getriebe lagen über der Drehscheibe, wurden ölhydraulisch angetrieben und waren stufenlos von Null bis zur Höchstgeschwindigkeit regelbar. Das Aufrichten erfolgte durch zwei mit ölhydraulischem Hubkolbenantrieb zu bewegende Stempel, die zum Erreichen einer guten Seitenversteifung des Auslegers trapezförmig eingebaut waren.

Die Regelung der Geschwindigkeit des Aufrichtens und Neigens erfolgte durch im Steuerblock angeordnete Kolbenschieber. In Fahrstellung ruhte der Ausleger in Fahrtrichtung auf einem hinter dem Fahrerhaus befindlichen Auflager.

Für das Heben und Senken der Last war in den Ausleger eine Seilwinde eingebaut, deren Ölmotor vom Schaltpunkt aus in der Umlaufrichtung und in der Umdrehungsgeschwindigkeit durch Betätigung eines einzigen Hebels gesteuert wurde. Das 70 m lange Drahtseil mit 22 mm Durchmesser ermöglichte bei viersträngigem Zug ein Arbeiten bis zu 14 m unter Flur, während bei zweisträngigem Zug Unterflurarbeiten bis zu 28 m Tiefe bzw. bei einsträngigem Zug bis zu 56 m Tiefe möglich waren. Das Drehgetriebe des Drehkranzes, das über einen Schneckentrieb mit Rutschkupplung durch einen Ölmotor angetrieben wurde, faßte mit einem Ritzel in den feststehenden Teil des Drehkranzes ein. Die Drehscheibe konnte bei Stellung des Auslegers in Fahrtrichtung oder um 180° gedreht gegen unbeabsichtigtes Verdrehen durch einen Steckbolzen verriegelt werden. Um trotz des kurzgebauten KW 15 einen möglichst großen Auslegerbereich beim Heben kleinerer Lasten zu erzielen, war an der Spitze des Auslegers ein Hilfsausleger eingebaut, der ausgeschoben den Auslegerbereich durch ölhydraulischen Hubkolbentrieb um 1 oder 2 m vergrößern konnte und in diesen zwei Stellungen mit Fallhaken selbsttätig verriegelt wurde. Bei aufgerichtetem Hauptausleger erfolgte das Zurücknehmen des Hilfsauslegers durch sein Eigengewicht. Gegen unbeabsichtigtes Ausschieben war der Hilfsausleger gesichert.

Zum Transport von beschädigten schweren Lastkraftwagen über längere Strecken hatte sich der in den Ausleger eingebaute Abschleppgalgen mit einer Tragkraft von 5 t als sehr nützlich erwiesen. Bei seiner Verwendung konnte der große Ausleger vor Beginn einer längeren Fahrt in Ruhestellung abgelegt werden. Der Abschleppgalgen wurde zu seiner Verwendung nach hinten aus dem Ausleger herausgeklappt. Die Last wurde am Abschleppgalgen bei

KW 16 der Feuerwehr Remscheid beim Anheben eines Reisebusses auf einem Schrottplatz. Für diese Tätigkeit mußte der Hilfsausleger teilweise ausgefahren werden.

Abstützungen zum Zug nach hinten mit heruntergelassenen Stützrollen und Abstützungen. Die Aufnahme zeigt den KW 15 der Mainzer Feuerwehr.

aufgerichtetem Ausleger befestigt und durch das Wippen bei seinem Ablegen und weiter durch einen in den Galgen eingebauten Hubkolbenantrieb angehoben. Das maschinelle Anheben der Last am Abschleppgalgen wurde beim KW 15 der Berufsfeuerwehr Stuttgart als Sonderausführung vorgesehen, die nur auf besonderen Kundenwunsch eingebaut wurde.

Mit einer 1 bzw. 2 m langen Abschleppstange wurde ein Pendeln der angehängten Last vermieden.

Die Lage des Bedienungsstandes bot gute Übersicht über das ganze Arbeitsfeld des Auslegers. Erfahrungen hatten gezeigt, daß ein fester Sitz für den Kranfahrer, der auf diese Weise bei allen Drehungen des Auslegers mitfuhr, für eine aufmerksame und sichere Bedienung sehr vorteilhaft war. Die auf dem Schaltpult angebrachten Hebel, durch die die verschiedenen Bewegungen gesteuert wurden, waren übersichtlich und so angeordnet und

beschriftet, daß eine falsche Bedienung ausgeschlossen war.

Da bei schweren Einsätzen sowohl die Kippsicherheit als auch die Bruchlast sehr schwer abgeschätzt werden konnten, verhinderte die Neigeskala, auf der einmal die jeweilige Stellung des Kranes (Ausladung und Neigung des Auslegers) mit seiner größtmöglichen Hubkraft abzulesen war, sowie der über der Skala befindliche Belastungsanzeiger, der die tatsächliche Belastung deutlich anzeigte, bei aufmerksamer Bedienung ein Umkippen des KW 15 oder eine Überbelastung der Hubvorrichtungen. Der vorhandene Öldruck konnte am Schaltpult an einem Manometer abgelesen werden.

Bei Dunkelheit wurde neben der drehbaren Beleuchtung für Bedienungspult, Neigeskala und Belastungsanzeiger noch durch einen an der Auslegerspitze befestigten, vom Bedienungsstand aus zu schwenkenden Arbeitsscheinwerfer die sichere Durchführung der Kranarbeiten erleichtert.

Um die Kippsicherheit des KW 15 zu vergrößern, konnten ausziehbare Spindelbalken mit großen Unterlegplatten seitwärts ausgeschoben werden. Da bei geländegängigen, allradangetriebenen Dreiachsern der Einbau der Federabstellvorrichtungen erhebliche Schwierigkeiten bereitete, wurde hierauf verzichtet. Zur Entlastung der Federn der beiden Hinterachsen waren am Fahrzeugheck Stützrollen angebaut.

Der Kranausleger konnte nach Ankunft des Kranwagens an der Unfallstelle in kürzester Zeit aus seiner Ruhestellung in Betriebsbereitschaft gebracht werden, ohne daß zeitraubende Arbeitsvorbereitungen, wie Umklappen des Auslegers u.ä., getroffen werden mußten. Um auf der Unfallstelle schneller und leichter manövrieren zu können, konnte der Ausleger um 360° geschwenkt werden. Der Kranhaken war durch eine einfache Haltevorrichtung vor dem Kühler fest verankert.

KW 16 der Berufsfeuerwehr Karlsruhe, der am 25. 10. 1962 geliefert und in Dienst gestellt wurde.

Spillanlage

Obleich die Erfahrungen an Unfallstellen überwiegend zeigten, daß sich viele Hilfeleistungen durch direkten Zug mit dem KW 15 ohne Verwendung von Kran- oder Spillanlage durchführen ließen, wurde die Spillanlage sehr viel benutzt. Dabei war für ihren Einsatz die Möglichkeit wichtig, mit der Seilwinde nach fast allen Richtungen hin arbeiten zu können. Aus den gleichen Gründen wie bei der Hubkraft des Auslegers wurde es für unzweckmäßig gehalten, eine Leistung des Spills von mehr als 15 t in einsträngigem Zug zu fordern. Daß diese Hauptzugkraft nur nach hinten ausgeübt werden konnte, genügte allen Anforderungen, da Kranwagen in schwierigem Gelände meistens rückwärts nahe an die Unfallstelle herangefahren wurden und der verunglückte Lkw – nachdem er mit dem Spill bis in die Nähe des Kranwagens gezogen wurde – möglichst mit der eigenen Zugkraft des Kranwagens – im 1. Gang (Geländegang) etwa 15 t – bis auf die feste Straße weiter gezogen wurde. Andererseits mußte in Fahrtrichtung eine genügende Zugkraft vorhanden sein, schon um den Kranwagen beim Steckenbleiben selbst wieder auf die Straße ziehen zu können. Wenn auch ein Ziehen nach den Seiten mit dem Spill tunlichst vermieden werden sollte und auch recht selten erforderlich wurde, so mußte auch senkrecht zur Fahrtrichtung eine starke Zugkraft ausgeübt werden können. Die Spillanlage des KW 15 besaß nach hinten eine Zugkraft von 15 t. Ein Seilzug von 11 t konnte seitwärts fast bis zu 90° zur Fahrtrichtung bei Abstützung des Fahrzeugs ausgeübt werden. Das nach vorn umgelenkte Seil konnte bequem durch ein Fenster des vorderen Stoßfängers geführt und dann für einen Zug von 8 t eingesetzt werden. Durch diese Möglichkeit war der Einbau einer Vorbauseilwinde überflüssig.

Durch den ölhydraulischen Antrieb, der vom Bedienungsstand an der linken Fahrseite am Heck des Kranwagens gesteuert wurde, war die Bedienung mit einer besonders hervorzuhebenden Feinfühligkeit möglich. Bei den bisher üblichen Spillanlagen wurde der Seilzug direkt von der Seiltrommel aufgenommen. Da dadurch ein geregeltes Aufwickeln des Seiles von 50 m Länge fast unmöglich war, führte das ungeregelte Übereinanderlaufen der Seilwindungen mit Verklemmen und Quetschen des Drahtseiles immer zu starkem Verschleiß und auch manchmal zu schweren Beschädigungen, die ein Auswechseln des Seiles erforderlich machten, sowie nicht selten zum Blockieren des Spills. Um derartige Schäden zu vermeiden, besaß die Spillanlage des KW 15 neben dem die Hauptzugkraft ausübenden Spillkopf eine Speichertrommel, auf die das Drahtseil mit einer durch eine Führungsspindel selbsttätig angetriebenen Seilführung in zwei Lagen gleichmäßig aufgespult wurde. Da Spillkopf und Speichertrommel über ein gemeinsames Getriebe durch einen Ölmotor bewegt wurden, war ein Gleichlaufen beider Trommeln gewährleistet, durch deren Zusammenwirken in folgender Weise eine Aufteilung der aufzunehmen Zugkräfte erreicht und das Auftreten von Seilbeschädigungen vermieden wurde: Da die Speichertrommel durch eine vorgeschaltete Rutschkupplung nur 4 t Zugkraft aufnehmen konnte, war ein festes, aber schonendes Aufwickeln des Seiles erreicht. Durch den etwas größeren Durchmesser der Speichertrommel gegenüber dem Spillkopf wurde der erforderliche Seilzug auf den mit nur zwei Seilschlägen umlegten Spillkopf für die Aufnahme großer Zugkräfte (bis zu 11 t) erzeugt. Da der größere Durchmesser der Speichertrommel beim Abspulen hinderlich sein würde, wurde das Drahtseil dann durch eine Seilspannvorrichtung am oberen Teil des Spillkopfes mit größerem Durchmesser geführt.

Neben einem Arbeiten mit kaum noch wahrzunehmender, langsamer Bewegung waren durch das Schaltgetriebe drei Geschwindigkeitsstufen am Bedienungsstand je nach der Verwendungsart einzustellen. Während beim Auf- und Abspulen des unbelasteten Seils ein Schnellgang mit einer Geschwindigkeit von 20 m/min eingeschaltet werden konnte, lag diese durch Verstellen der Förderleistung der Ölpumpe bei einem Seilzug bis 5 t bei etwa 8,4 m/min und bei einem Seilzug bis 15 t noch

Kranwagen KW 16 der Berufsfeuerwehr Duisburg, der sich bis heute im Einsatzdienst befindet. Dieses Foto entstand im Februar 1989.

bei etwa 2,2 m/min, wobei in jedem Falle die Zugbewegung stoßfrei mit einer eben über Null liegenden Geschwindigkeit eingeleitet und stufenlos auf obige Höchstgeschwindigkeiten gesteigert werden konnte. Eine Überlastung der Anlage war ausgeschlossen, da sowohl die Rutschkupplung als auch das Überdruckventil beim Überschreiten des zugelassenen Zuges selbsttätig abschalteten.

Abstützungen

Bei Kranbetrieb quer zur Fahrtrichtung waren die Stützrollen immer auszufahren. Beim Anheben von Lasten über 2 t waren auf der Lastseite der ausziehbare Ausleger mit Niederschraubspindel und beide in der Mitte der Pendelachsen bzw. am Rahmenende angeordneten Stützfüße anzusetzen.
Beim Spillbetrieb konnten vor Beginn des Betriebes bei großer Zugbelastung nach hinten neben dem festen Anziehen der Handbremse und dem Unterlegen der Radkeile Stützfüße am Heck angebracht werden. War bei sehr ungünstigen Geländeverhältnissen (nasser Lehm z.B.) keine Verankerung des Fahrzeuges an Bäumen oder auf andere Art und Weise möglich, konnte eine der Zugkraft entsprechende große Standsicherheit des Kranwagens nach Anlegen der Schneeketten durch eine sichere Blockierung der Räder beider Hinterachsen durch Zurrketten erreicht werden.

Erfahrungen der Berufsfeuerwehr Stuttgart mit dem KW 15

Bei der Abnahme des KW 15 war zum Beweis der Feinfühligkeit der Einsatzmöglichkeit gefordert worden, daß mit einer angehängten Last von 15 t eine Sektflasche zugekorkt werden sollte. Dazu war zunächst ein ganz langsames Ablassen der Last erforderlich, dann ein millimetergenaues Anhalten der Ablaßbewegung und zum Schluß – und das war wohl das Entscheidende – ein Wiederanheben der Last ohne das geringste vorherige »Durchsacken«, das bei Verwendung von Zahnradgetrieben nicht zu vermeiden wäre. Der KW 15 erfüllt diese Forderungen ebenso einwandfrei, wie er einen 6,5-t-Omnibus mühelos von vorne rechts um das Heck herum nach vorne links schwenkte und damit das Vorhandensein eines großen Benutzungsfeldes unter Beweis stellte, wie er auch mühelos mit dem Abschleppgalgen etwa 5 t schwere Lasten verfahren konnte.
Die Gegenüberstellung der Angebote der verschiedenen Firmen über die Erfüllung der an Feuerwehr-Kranwagen zu stellenden technischen Anforderungen, auch unter Berücksichtigung des geforderten Preises, führte zur Wahl des KW 15 von Magirus-Deutz in Ulm. Die Richtigkeit dieser Entscheidung zeigte sich, als er im ersten Halbjahr des Einsatzes des KW 15 in Stuttgart neben fast allen Einsätzen bei Hilfeleistungen auch zu privaten Arbeiten (besonders zum Heben sehr schwerer Lasten) zuge-

KW 16 aus der am 12. 02. 1964 erfolgten Lieferung an die Britische Armee, Berlin.

Dortmunder Kranwagen KW 15 bei der Bergung eines festgefahrenen Magirus S 3500 TLF 15 in den sechziger Jahren.

lassen wurde, einmal um eine härteste Erprobung des KW 15 durchzuführen, und um andererseits ein völliges Vertrautsein mit seinen Verwendungsmöglichkeiten und darüber hinaus eine absolute Sicherheit in seiner Bedienung zu erreichen.

Es konnte – nach neun Monaten Einsatz in einer Stadt mit 300 m Höhenunterschied – gesagt werden, daß die in den KW 15 gesetzten Erwartungen – unter Berücksichtigung des Umstandes, daß eine Neukonstruktion sofort harter Erprobung ausgesetzt wurde – nicht nur erfüllt, sondern weit übertroffen wurden.

Mit der Entwicklung dieses neuen KW 15 war ein bedeutender Schritt in der Weiterentwicklung eines für den Feuerwehreinsatz bestimmten Kranwagens getan worden.

Der neue KW 15 war tatsächlich der große Wurf und die besagte Marktlücke, die Magirus mit dieser Konstruktion aufgespürt hatte. Die Konkurrenz hatte in dieser Richtung kaum etwas zu bieten. So ist es nicht verwunderlich, daß der Kranwagen weite Verbreitung erfuhr, zumal er sich im täglichen Einsatz ganz hervorragend bewährte und sich durch Robustheit und einfache Bedienung auszeichnete.

Der Duisburger KW 16 bei einer Übung, bei der ein ausgedientes Mercedes-Benz L 3000 LF 15 angehoben wurde.

Nicht zuletzt durch die positive Erfahrung, die immer mehr Feuerwehren im In- und Ausland mit diesem Kranwagen gemacht hatten, entschlossen sich weitere Feuerwehren oder auch größere Abschlepp- und Bergeunternehmen zu dessen Beschaffung.

Ab 1961 erhielt der Kranwagen einen verstärkten Ausleger, der eine Tragkraft von nunmehr 16 t zuließ.

Von Mai 1957, dem Auslieferungstermin des ersten KW 15, bis zur Beendigung der Fertigung des KW 16

mit einer am 24. 11. 1967 erfolgten Lieferung eines solchen Fahrzeugs an die Berliner Feuerwehr wurde nach den vorliegenden Unterlagen die beachtliche Zahl von 13 KW 15 und 39 KW 16 gebaut.
Im einzelnen waren dies wie folgt:

Empfänger	Typ	Lieferdatum
Feuerwehr Stuttgart	KW 15	Mai 1957
Feuerwehr Mainz	KW 15	14. 02. 1958
Feuerwehr Bremen	KW 15	27. 03. 1958
Feuerwehr Bremerhaven	KW 15	25. 04. 1958
Feuerwehr München	KW 15	28. 04. 1958
Feuerwehr Bochum	KW 15	30. 05. 1958
Feuerwehr Dortmund	KW 15	19. 07. 1958
Feuerwehr Wuppertal	KW 15	21. 08. 1958
Feuerwehr Wien/Österreich	KW 15	18. 09. 1958
Feuerwehr Berlin	KW 15	06. 03. 1959
Feuerwehr Heilbronn	KW 15	09. 10. 1959
Firma Wanko, Wien/Österreich	KW 15	19. 04. 1961
Firma Pierschke, Schwerte	KW 16	19. 05. 1961
Feuerwehr Wiesbaden	KW 16	26. 08. 1961
Feuerwehr Stuttgart	KW 16	08. 12. 1961
Flughafen Berlin-Tegel	KW 16	28. 12. 1961
Feuerwehr Remscheid	KW 16	23. 02. 1962

KW 16 der Berufsfeuerwehr Düsseldorf. Die Aufnahme entstand kurz nach der Indienststellung im Jahre 1964.

Feuerwehr Gelsenkirchen	KW 16	22. 03. 1962
Feuerwehr Braunschweig	KW 16	06. 04. 1962
Feuerwehr Karlsruhe	KW 16	25. 10. 1962
Feuerwehr Münster	KW 16	01. 12. 1962
Feuerwehr Wattenscheid	KW 16	20. 12. 1962
Firma Wanko, Wien/Österreich	KW 15	19. 12. 1962
Firma Tomann, Wien/Österreich	KW 16	19. 12. 1962
Feuerwehr Augsburg	KW 16	04. 04. 1963
Feuerwehr Osnabrück	KW 16	08. 06. 1963
Feuerwehr Duisburg	KW 16	31. 10. 1963
Feuerwehr Siegen	KW 16	27. 11. 1963
Feuerwehr		
Innsbruck/Österreich	KW 16	12. 12. 1963
Britische Armee, Berlin	KW 16	12. 02. 1964
Britische Armee, Berlin	KW 16	12. 02. 1964
Staatsauftrag Algerien	KW 16	19. 05. 1964
Feuerwehr Dortmund	KW 16	01. 08. 1964
Britische Armee, Berlin	KW 16	18. 08. 1964
Feuerwehr Düsseldorf	KW 16	02. 10. 1964
Feuerwehr Darmstadt	KW 16	13. 11. 1964
Feuerwehr Sofia/Bulgarien	KW 16	17. 11. 1964
Britische Armee, Berlin	KW 16	13. 01. 1965
Britische Armee, Berlin	KW 16	13. 01. 1965
Feuerwehr Linz/Österreich	KW 16	29. 01. 1965
Firma Pierschke, Schwerte	KW 16	25. 02. 1965

Der Dortmunder KW 15 beginnt mit dem Aufrichten des verunglückten Anhängers eines mit Maschinenteilen beladenen Krupp-Cummins-Lastzuges. Man beachte die seitlichen Abstützungen, die mit Gehwegplatten unterlegt sind, um eine ausreichende Standsicherheit zu erzielen.

Feuerwehr Kassel	KW 16	19. 05. 1965
Feuerwehr Wien/Österreich	KW 16	08. 06. 1965
Feuerwehr München	KW 16	23. 08. 1965
Feuerwehr Saarbrüchen	KW 16	22. 10. 1965
Feuerwehr Madrid/Spanien	KW 16	29. 10. 1965
Privatfirma in Rückingen	KW 16	19. 11. 1965
Feuerwehr Frankfurt	KW 16	19. 04. 1966
Feuerwehr Nürnberg	KW 16	14. 07. 1966
Firma Alpine Montan, Wien/Österreich	KW 16	08. 08. 1966
U. S. Army, Berlin	KW 16	30. 11. 1966
Feuerwehr Berlin	KW 16	24. 11. 1967
Firma Mogürt, Budapest/Ungarn (Fahrgestell des KW 20)	KW 16	30. 07. 1968
Belgisches Corps, Brüssel (Fahrgestell des KW 20)	KW 16	21. 02. 1969

Außerdem wurde am 21. 08. 1959 ein Kranaufbau KW 15 für die französische Feuerwehr Versailles geliefert, der auf ein Berliet-Chassis montiert wurde.

Motortechnische Daten

Luftgekühlter Viertakt-Deutz-Dieselmotor

Typ F 12 L 614

Zylinderzahl	12, V-Form
Hubraum	15 986 cm^3
Höchstdrehzahl	2300 U/min

Der 1958 an die Berufsfeuerwehr Wuppertal gelieferte KW 15 beim Anheben einer abgestürzten Planierraupe.

Hier wird die geborgene Planierraupe mit dem KW 15 verfahren. Zu diesem Zweck sind die Stützrollen ausgefahren und der Kranausleger auf geringstmögliche Ausladung gebracht worden.

Es ist geschafft! Die Planierraupe ist über den Absturzrand gehoben und hat somit wieder »festen Boden unter den Füßen«.

Ein dreiachsiger Henschel-Betonmischer vom Typ HS 3-125 ist auf einer Baustelle mit den Hinterachsen in weichen Grund eingesunken und droht umzustürzen. Während der KW 15 der Dortmunder Feuerwehr das Fahrzeugheck mit der schweren Betonbirne anhebt, versuchen Arbeiter diese mit Bauhölzer abzustützen.

Nutzleistung (nach DIN 70020)	250 PS bei 2300 U/min
max. Drehmoment bei n = 1200 U/min	92 mkg

Maße und Gewichte

Radstand	3775/1330 mm
Breite max.	2500 mm
Bodenfreiheit vorn	315 mm
Bodenfreiheit hinten	310 mm
Spurweite vorn	1926 mm

Spurweite hinten	1820 mm
Spurkreisdurchmesser ca.	17800 mm
Wendekreisdurchmesser ca.	19000 mm
Achsdruck vorn ca.	5800 kg
Achsdruck hinten ca.	2 × 8000 kg
Gesamtgewicht ca.	22000 kg
zul. Gesamtgewicht	25400 kg

Die hier beschriebenen Kranwagen befanden sich überwiegend 25 bis 30 Jahre – oder sogar noch länger – im Dienst der Feuerwehren. Nach der dortigen Aussonderung wurden sie vielfach von Privatfirmen übernommen, die diese Wagen teilweise heute noch einsetzen. Vereinzelt versehen KW 15 oder 16 heute noch Einsatzdienst.

Magirus-Kranwagen KW 20

Die Zeit blieb auch bei der Entwicklung von Feuerwehr-Kranwagen nicht stehen. Beherrschten noch zu Beginn der sechziger Jahre die Magirus-Kranwagen KW 15 und 16 verdientermaßen den Markt, begann sich ab der zweiten Hälfte des Jahrzehnts eine Wende zugunsten schwerer Kranwagen mit Teleskopauslegern abzuzeichnen.

Da gleichzeitig die zu bergenden Lasten immer größer wurden und die neuen Teleskopkräne über höhere Tragfähigkeiten verfügten, sahen sich die bisher so erfolgreichen Magirus-Kranwagen in die Defensive gedrängt.

Mit dieser Entwicklung versuchte Magirus mit einem neuen 20-t-Kranwagenmodell gleichzuziehen, das erstmals 1969 auf dem Markt erschien. Als Fahrgestell diente nun das Allradfahrgestell Magirus 230 D 26 AK, das über ein neues Direkteinspritz-Dieseltriebwerk verfügte.

Bereits am 30. 07. 1968 und 21. 02. 1969 hatte Magirus mit der Lieferung je eines KW 16 für die Firma Mogürt, Budapest und an das Belgische Corps Versuchsausführungen in der neuen Formgebung des späteren KW 20 gebaut. Die Tragkraft dieses Kranwagens blieb aber auf 16 t beschränkt.

Der Dortmunder KW 15 hat einen in ein Hafenbecken gefallenen leichten Radbagger geborgen, der durch den Sturz allerdings sehr schwer beschädigt worden war.

Äußerlich unterschieden sich diese Fahrzeuge kaum vom KW 20 Serientyp. Der letztere besaß ein Achtzylinder-Triebwerk mit 270 PS, das später nur in Einzelfällen beim KW 20 zum Einbau gelangte.

Der KW 20 war – wie seine Vorgänger – mit einer um 360° schwenkbaren Krananlage ausgerüstet und konnte Lasten bis zu 20 t nach allen Seiten heben. Das Verfahren mit angehängter Last war möglich. Ein Spill mit 15 t Zugkraft ergänzte die Krananlage wirkungsvoll. Krananlage und Spill wurden hydraulisch angetrieben und konnten daher sehr feinfühlig gesteuert werden.

Durch die hydraulisch betätigten Abstützungen war eine schnelle Einsatzbereitschaft sichergestellt.

Die robuste Konstruktion erlaubte schnelles Fahren und Manövrieren sowohl auf der Straße als auch im Gelände.

Kranwagen KW 16, geliefert am 28. 02. 1969 an das Belgische Corps. Dieses Fahrzeug entstand auf der Basis des späteren KW 20 Serienmodells.

Heckansicht des KW 16 des Belgischen Corps. Man beachte die ungewöhnliche Form der gummibereiften Stützrollen.

Auch sonst unterschied sich dieser Kranwagen vom KW 20 durch mancherlei Details.

Kranwagen KW 20 der Berufsfeuerwehr Berlin, in Dienst gestellt am 16. 09. 1970. Dieses gewaltige Fahrzeug verfügt über die auf Sonderwunsch erhältliche Motorleistung von 270 PS.

Der am 14. 07. 1966 von der Berufsfeuerwehr Nürnberg erworbene Kranwagen KW 16 ging nach der dortigen Außerdienststellung an die österreichische Feuerwehr Baden bei Wien. Die Aufnahme aus dem Frühjahr 1984 zeigt das Fahrzeug mit einer in Eigenleistung entstandenen Traverse aus U-Profilen mit zwei zusätzlichen Haken als Hilfseinrichtung zum Anheben von Lasten.

KW 20 der Berufsfeuerwehr Solingen

Im Jahre 1973 lieferte Magirus-Deutz ein Allradkipper-Fahrgestell vom Typ FM 310 D 26 AK 6×6 an die Maschinenfabrik Langenfeld (MFL), die darauf einen 20-t-Hydraulikkran für die Berufsfeuerwehr Solingen montierte. Das schwere Fahrgestell aus der zweiten Eckhauber-Generation von Magirus-Deutz wurde – soweit feststellbar – nur in diesem einen Fal für einen Kranaufbau versehen. Überhaupt zählten diese Eckhauber aller Gewichtsklassen zu den Raritäten im Feuerwehrfahrzeugbau und wurden – wenn überhaupt – fast nur für Exportaufträge verwendet.

Der MFL-Hydraulikkran vom Typ AK 2014 konnte mit eingeschobenem Ausleger und 2,50 m Ausla-

Der Solinger Kranwagen bei der Bergung eines Milchtankwagens.

dung maximal 20 t heben; bei 6,50 m waren es immerhin noch 8,5 t. Mit ausgeschobenem Ausleger (Kranhöhe 16 m) war bei 2,50 m Ausladung eine maximale Tragkraft von 18 t möglich. Diese sank bei 10° Auslegererhöhung bei 11 m Ausladung auf 3,3, t ab.
Das Magirus-Allradfahrgestell schließlich war mit dem luftgekühlten Zehnzylinder-V-Motor vom Typ F 10 L 413 bestückt, welcher 305 PS Leistung bei 2650 U/min erbrachte und 14702 Rauminhalt besaß. Der Direkteinspritz-Dieselmotor wurde über ein Neunganggetriebe mit Geländevorgelege geschaltet. Die Höchstgeschwindigkeit des Kranwagens lag bei 87 km/h.
Obwohl der Kranaufbau nicht von Magirus stammt, soll dieser Kranwagen als Abschluß einer in den dreißiger Jahren begonnenen Entwicklung in diesem Buch nicht fehlen, zumal das Fahrgestell von Magirus-Deutz gestellt wurde.
Dieses Einzelstück befindet sich bis zum heutigen Tage bei der Solinger Feuerwehr im Einsatzdienst.

Literaturverzeichnis

Oswald/Gihl:
Kraftfahrzeuge der Feuerwehr und des Sanitätsdienstes 1900–1975, Stuttgart 1985

Oswald:
Lastwagen, Lieferwagen, Transporter 1945–1988, Stuttgart 1989

Blaulicht-Fahrzeug-Sonderheft Band 2 – Magirus-Rundhauber, Bruchköbel 1983

Hartung/Matthies:
Magirus-Feuerwehrfahrzeuge 1948–1962 in Brekina-Autoheft 1985/86

Verschiedene Prospekte, Kataloge, Beschreibungen, Bedienungsanleitungen und sonstige Unterlagen aus dem Werkarchiv Iveco-Magirus

Verschiedene VDA-Typenblätter

Paulitz:
Feuerwehr-Oldtimer – Fahrzeuggeschichte in Bildern, Hanau 1987

Paulitz:
Alte Feuerwehren II – Magirus-Deutz u. a., Stuttgart 1990

Bildquellenverzeichnis

Iveco Magirus 67
Feuerwehr Dortmund 4
Feuerwehr Düsseldorf 3
Feuerwehr Essen 2
Feuerwehr Fürth 1
Feuerwehr Köln 4
Feuerwehr Oberhausen 2
Feuerwehr Solingen 2
Gerth 1
Paulitz 35
Rübener 1
Streich 1

Der Autor bedankt sich bei den Bildgebern für die freundliche Unterstützung und Hilfe, ohne die die vorliegende Veröffentlichung nicht möglich gewesen wäre.

Maßarbeit

Kfz für die Feuerwehr und für weitere Sonderaufgaben

Hartmut Holder
Achtung die Wache – Alltag bei der Feuerwehr
Ein realistisches und informatives Einsatztagebuch der deutschen Wehren.
180 Seiten, 42 Farb-Abb., geb.
49,– Bestell-Nr. 01501

Hans Erpf
Das große Buch der Feuerwehr
Die Feuerwehr in Geschichte und Gegenwart.
168 Seiten, 150 Abbildungen, 13 farbig, gebunden
32,– Bestell-Nr. 30107

Berghendahl / Sjöberg
Trucking global
Trucks unterwegs auf allen Kontinenten – von Polarkreis bis zu Wüsten und Dschungel.
192 Seiten, 208 Abbildungen, 115 farbig, gebunden
58,– Bestell-Nr. 01036

Oswald / Gihl
Fahrzeuge der Feuerwehr und des Rettungsdienstes seit 1900
Ein einmaliges Nachschlagewerk mit Fotos, Daten und Fakten über die Feuerwehr-Kfz seit 1900 in den alten und neuen Bundesländern.
476 Seiten, 1277 Abbildungen, geb.
88,– Bestell-Nr. 01479

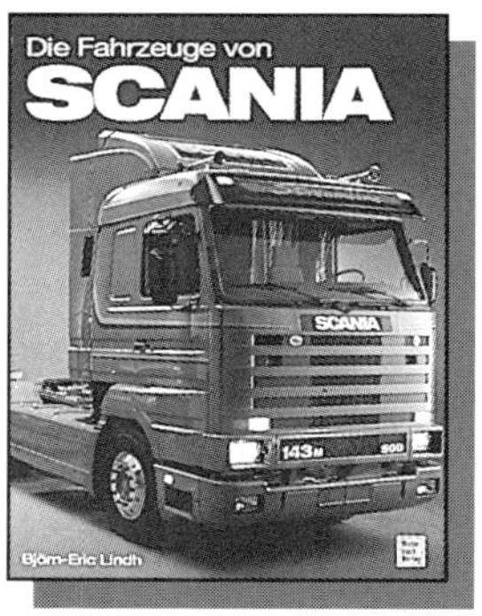

Björn-Eric Lindh
Die Fahrzeuge von Scania
Ein Jahrhundert Nutzfahrzeuggeschichte am Beispiel der schwedischen Firma Scania.
240 Seiten, 600 Abbildungen, 130 farbig, gebunden
78,– Bestell-Nr. 01491

Werner Oswald
Lastwagen, Lieferwagen, Transporter 1945–1988
Von Krupp bis Henschel, von MAN bis Mercedes: Daten, Fakten und Bilder.
856 Seiten, 1148 Abb., geb.
98,– Bestell-Nr. 01197

Werner Oswald
Kraftfahrzeuge und Panzer der Reichswehr, Wehrmacht und Bundeswehr
Alle Panzer, Pkw, Lkw und Sonderfahrzeuge seit 1919.
664 Seiten, 1274 Abb., geb.
68,– Bestell-Nr. 10850

Motor buch Verlag

DER VERLAG FÜR AUTO-BÜCHER
Postfach 103743 · 70032 Stuttgart

Änderungen vorbehalten